林业生态化发展与园林景观规划

刘　飒　张瑞洁　逯　朋◎著

汕頭大學出版社

图书在版编目（CIP）数据

林业生态化发展与园林景观规划 / 刘飒，张瑞洁，
逯朋著． -- 汕头：汕头大学出版社，2023.5
  ISBN 978-7-5658-5031-8

  Ⅰ．①林… Ⅱ．①刘… ②张… ③逯… Ⅲ．①林业－
生态环境建设－研究－中国②园林设计－景观设计－研究
－中国 Ⅳ．① S718.5 ② TU986.2

中国国家版本馆 CIP 数据核字（2023）第 099059 号

林业生态化发展与园林景观规划
LINYE SHENGTAIHUA FAZHAN YU YUANLIN JINGGUAN GUIHUA

作　　者：刘　飒　张瑞洁　逯　朋
责任编辑：郭　炜
责任技编：黄东生
封面设计：刘梦杳
出版发行：汕头大学出版社
　　　　　广东省汕头市大学路 243 号汕头大学校园内　邮政编码：515063
电　　话：0754-82904613
印　　刷：廊坊市海涛印刷有限公司
开　　本：710mm×1000mm　1/16
印　　张：11.75
字　　数：200 千字
版　　次：2023 年 5 月第 1 版
印　　次：2024 年 3 月第 1 次印刷
定　　价：58.00 元
ISBN 978-7-5658-5031-8

前　言

随着时代的发展，环保问题日益受到人们的重视，林业建设要实现可持续发展就应该注重生态化林业建设，力争环保效益和林业发展双丰收。因此，我们应该对林业建设过程中不合理的地方想方设法地进行改善，尽可能地减少林业建设对环保的破坏，积极构建一种能够实现可持续发展的生态化林业建设。林业建设要实现良好的发展，必须走向生态化林业的可持续发展之路。生态化林业建设的可持续发展是总的发展趋势。它正朝着生态林业向稳定性与多样性、综合化与整体化的方向发展。生态林业要实现可持续发展，就必须确保生态效益、经济效益和社会效益的综合实现，既要保证当代人对林业发展的需求，又要维护后代人对林业资源享受的基本权利，切实加强对生态林业的整体科学规划，不断强化生态意识的培养及调控。

目前，园林景观规划已成为城市整体建造中不可或缺的主要部分，对构建人与自然和谐相处的城市环境具有重要作用，因此，应不断完善我国园林景观规划建设。我国园林景观规划要想得到很好的发展，应充分了解并把握国际园林景观发展趋势。高度重视地域特色、场地特征、时空效果以及空间塑造，强调简约又具有个性化的风格。要想进一步优化园林景观规划建设，应时刻把握国际园林景观发展趋势，注重将城市园林的自然效益与社会效益相结合，充分凸显当地地域特色，坚持以人为本的建设理念，促使我国园林景观规划工作有效进行。

鉴于此，笔者写作了《林业生态化发展与园林景观规划》一书，本书阐述了林业生态化、林业技术、林业技术生态化的内涵以及林业技术生态化的原则与模式；阐述了林业发展与生态建设基础理论，涵盖林业产业发展与林业生态建设、绿色发展与林业生态化建设、林业生态化建设和林业生态化发展与园林景观规划可持续发展、林业多元化立体生态促进林业产业发展；论述了林业发展与生态建设模式，包括生态文明建设与林业现代化、林业资源管理与生态管理、循环经济与林业产业生态化、林业信息化与林业生态大数据建设；论述了林业生态工程体系与林业生态工程建设与管理；阐述了风景园林基础理论，包括风景园林与生态、风景园林与自然、风景园林设计中的情感因素、风景园林的植物配置与规划；阐述了园林景观的概念与研究范畴、园林景观风格及类型、现代园林景观的发展趋势；论述了园林景观规划相关概念、园林景观设计学及其与相关学科的关系、现代园林景观设计；探究了园林构成与园林景观规划的设计原理，涉及园林构成要素与配置手法、园林景观规划的设计程序、园林景观规划的设计原则和方法。

笔者在写作本书的过程中，借鉴了许多专家和学者的研究成果，在此表示衷心感谢。本书研究的课题涉及的内容十分宽泛，尽管笔者在写作过程中力求完美，但仍难免存在疏漏，恳请各位专家批评指正。

目 录

第一章　林业生态化概述

第一节　林业生态化的概念

一、林业生态化概念的界定

所谓"林业生态化"，就是建设生态林业，即在遵守社会生态经济学和生态规律发展林业的前提下，充分而合理地利用自然资源，为人类及社会发展创造最佳环境的林业建设体系。多层次、多目标、多功能，是生态林业的显著特征，缓解水土流失、净化空气、降低泥石流、山体滑坡等自然灾害发生，维持生态平衡，促进经济发展等是生态林业的重要功能。立足本地区的实际情况以及优势资源，来形成多层次林业体系，已是基层林业建设的一个重要目标。

总而言之，绿色发展是基于传统发展理念上的模式创新，是将自然资源与环境保护作为实现可持续发展的支柱而形成的新型发展模式。我国社会经济持续高速发展的同时，也付出了一定的代价，尤其是生态环境的问题越发突出，传统粗放型经济发展模式下对于生态环境的破坏较大。如今，经济发展与环境问题的矛盾日益突出，甚至已成为制约当前社会经济发展的一个重要原因。新时期，在绿色发展理念成为人类发展共识的背景之下，就需要在绿色发展理念指导下促进林业生态化建设。当然，生态林业建设不仅仅是一项生态工程与经济工程，同时也是一项系统工程与复杂的管理工程。所以，我们要在深入理解绿色发展理念的基础之上，以此为指导，有效探索林业生态化建设的有效路径。

二、坚持绿色发展，推进林业生态化建设

（一）明确林业生态化建设的原则

在绿色发展理念指导下，首先应当明确林业生态化建设的重要原则，主要包括可持续发展原则、效益性原则以及技术配套原则三种。

首先，就可持续发展原则而言，由于传统经济发展过程中对于林业生态环境破坏较大，以及我国林业建设的现实不足，在此背景下的林业生态化建设就要确立可持续发展的原则，保护及改善林业生态环境，并实现生态林业与社会发展方向一致的目的，从而开发出地区生态林业工程持续发展的潜力。

其次，就效益性原则而言，绿色发展与经济效益并不冲突，相反，从长远来讲，绿色发展是一种长远可持续发展，是实现经济效益最大化的内在要求和有效保障。所以，新时期在坚持绿色发展理念，推进林业生态化建设的过程中，也同样需要坚持效益性原则。其中，又可以将效益性原则细化分为生态效益以及经济效益两大方面。具体来讲，在生态林业工程中需要以生态效益为基准，在此基础上来谋求经济效益，保证生态林业工程健康、平稳、顺利地发展。

最后，就技术配套原则而言，对于践行绿色发展理念，推进林业生态化建设而言也尤为重要。换言之，在推进林业生态化过程当中，我们应当始终坚持以林业生态系统为核心，切实遵循技术配套的原则，结合本地区的实际环境及林业生态化发展目标，一方面加强生态林业的科学规划，为了推进和实现林业生态化建设，就要对林业的生态效益、经济效益以及社会效益加以科学的统筹和规划，集合人力、物力、财力资源的同时，优化资源配置；另一方面要合理利用科学技术，举例来讲，在林业病虫害防治工作当中，不能够一味地采用喷洒化学药剂等传统、单一方法，因为这种方法具有非常强的毒性，进而对生态构成负面影响。相对应来讲，我们可以采用多种手段相结合的办法来进行，比如，实施物理防治、生物防治以及人工防治，在此基础

之上，还要加强树种抗病毒技术的科研攻关等形式来提升防治效果。

（二）探究林业生态化建设结构形式的多样化发展

林业生态化建设应该具有多样化的结构形式，比如，林业牧业结合结构以及林业渔业结合结构等。在具体的林业生态化建设过程当中，我们应当根据当地地质、生态、环境及气候等来选择科学合理的结构形式。与此同时，我们还应当注重地区生态结构的多层次以及物种的多样化、积极培养需求较大且生长较快的林业产品、对林木能够进行二次加工以提升林业产品价值、适当尝试种植一些观赏性较强的植物花卉以促进地区林业旅游业的发展等。基于以上林业生态化建设结构形式的多样化发展途径，有助于林业经济效益、生态效益的有效实现。

（三）大力宣传和贯彻林业法律法规

特别是对于基层地区而言，人们法律意识淡薄，对此更要大力宣传和贯彻林业法规，以此来为绿色发展与林业生态化建设提供有效保障。对此，一要加强法律法规宣传，让群众知法、懂法；二要加强指导，使群众充分了解林业生态化建设的重要性；三要相关部门发挥自身职能，加强执法，对破坏生态环境的人员给予严惩。通过这样的方式，来促进林业生态化建设，真正实现可持续发展。

总而言之，在绿色发展理念指导下推进林业生态化建设，依赖于各方的努力与参与，不断贡献自己的力量和智慧，探索有效的方法路径，从而促进林业的可持续发展。

第二节　林业技术与林业技术生态化的内涵

一、林业技术的内涵

（一）林业技术的含义

"林业技术"一词有着多种含义，包括的内容比较广泛。有人认为，林业技术是从事林业生产中劳动资料的总称，劳动资料中的重要因素是劳动工具，即强调其物质方面的内容。也有人认为，林业技术是根据林业生产的实践经验和自然科学原理而发展的各种工艺操作的方法与技能，即强调它的精神方面的内容。但从广义上理解，则认为林业技术是林业生产实践的产物，它既包括表现为物质形态的所谓硬技术，也包括表现为智能形态的所谓软技术。

林业技术是个合成词。

林业是指保护生态环境保持生态平衡，培育和保护森林以取得木材和其他林产品、利用林木的自然特性以发挥防护作用的生产部门，是国民经济的重要组成部分之一。

"技"是指技艺、本领，如一技之长，即指某人从事某种活动的本领和能力，掌握一定的技能。在古代汉语中，有"技者，巧也"的解释，具有熟练的含义。

"术"是指方法和策略、手段。古代汉语中，对"术"的解释是："术，邑中道也。"后引申为技术。所以，从林业技术一词的形成来看，开始指的是人们执行林业活动的能力、技巧和方法手段。随着社会的进步，林业生产逐渐向深发展，林业生产的规模和水平在不断扩大和提高。在此过程中，人们不断总结经验，增长知识，提高了认识自然和改造自然的能力，这不仅表现在人们提高了操作技能和改进操作方法，而且还表现在深入地研究和采用各种独特的工艺过程和作业程序，并不断创造和运用各种先进的林业生产工具和物质装备，从而促进生产力的发展。由此可见，随着人类社会的进步和生产的不断发展，林业技术的内涵在不断地扩大，它既包括物质形态的要素，也包括职能形态的要素。

笔者将"林业技术"的含义理解为：人们在认识和改造自然的林业生产实践活动中积累起来的知识、经验和技能，以及体现这些知识、经验和技能的林业生产工艺与作业程序、方法和相应的物质化的劳动资料。这三个方面的内容密切结合并相互影响，某一方面的改进和发展，都会引起其他方面的改变和提高。

（二）林业技术的特征

国内学者钟祖昌、陈功玉认为，林业技术具有以下特征。

1.人创性

林业技术的人创性是指林业技术是人类按照自己的愿望和需要而有目的地在进行林业生产活动过程中，经过不断摸索、总结创造出来的，天然的林业技术是不存在的。林业技术是人为的，即林业技术产生于人们的林业生产活动之中，并随着人类活动的发展而发展，依人的存在而存在。没有人，没有人的活动，林业技术既不能产生也不能发展，甚至不能存在。林业技术又是为人的，即它是为人的需要服务，受人的利用、选择和控制的。

2.合规律性

林业技术的合规律性是指林业技术是人在从事林业生产活动中合乎森林生态系统的客观规律的结果和体现，并受到客观规律的制约，从而人们在不断的约束与反约束活动中促使新的林业技术产生。因此，人们应主动地利用客观规律去从事林业技术创新和林业技术开发，加速林业技术发展的进程。

3.中介性

林业技术具有中介性是指林业技术存在于从事林业活动主体和客体中间，它是把两者联系起来并使之发生相互作用的中介和桥梁。林业技术的这一特点是林业科学、林业技术、林业生产活动形成一体化的内在根据，认识林业技术的终结性，对于我们制定合理的科技兴林战略具有重要现实意义。

4.实用性

林业技术的实用性是指林业技术是人类根据改造自然、获取生产资料、谋求繁衍生存实用的目的创造出来的，林业技术本身具有直接可用性的品质，并且只有在实际应用中才能体现其价值。

林业技术实用性目的是林业技术行为的动因，它是为了取得能在实际活动中加以具体运用的手段，林业技术属于具体的直接的生产力。认识林业技术的实用型特征，对于林业科技成果向现实生产力转化具有指导意义。林业科技成果如果仅仅满足于理论层面或仅限于对原理的揭示，而不能或没有及时加以实际应用，即作为实现手段加入林业实际生产过程中，那么它们就不能纳入林业技术的范畴之中，当然也就不能体现林业技术价值。

5.增效性

林业技术的增效性是指林业技术能提高林业生产活动的效率和效果，林业技术之所以可贵也就在这里。在林业生产中，哪里有高效率或好效果，哪里就存在林业技术。增效性是判断林业技术存在、林业技术优劣的最根本指标。

（三）林业技术的本质属性

国内学者丁二凌认为，林业技术有三个本质属性。

1.林业技术是自然属性和社会属性的统一

林业技术是劳动者从事林业生产的一种综合手段，即包括智慧能力，技巧能力与物质能力。林业技术主要研究人与森林资源、森林环境之间的协调。从总体上分析，林业技术有宏观与微观之分，宏观就是研究某一个地区林业生产的组织管理，侧重于林业生产的结构与机能，林业生产的总体布局。微观就是研究个体生长发育规律，影响生长的限制因子。可见，林业技术既有社会属性又有自然属性。

林业技术的社会属性，表现在林业技术的人创性、林业技术的实用性及林业技术的增效性。科学技术是生产力，林业技术同样也是生产力的集中体现，其实质就是增强改造自然的能力，生产出更多的产品，满足人类的需求。随着人口的增多，人类的进步，这种需求无论在质量上还是数量上都逐年增多，因此，要不断提高林木产出率、林产品商品率，这些都集中表现在林业技术上。人类的物质需求是林业技术创造的动力源泉，林业技术进步程度集中体现在劳动者的智能、技能、物能的水平以及科技成果转化为生产力的速度。智能与技能反映了劳动者的素质。素质文化与劳动者受教育的程度密切相关，可见，提高劳动者的素质有赖于基础文化教育的发展，有赖于林业专业教育和技术培训的普及，物质能力指对林业投入的多少而言，而物能的提高与社会经济发展水平相适宜。

林业技术的自然属性是指由于地域性的差异，各地所处的地理位置不同，光、水、热、温度等各不相同，决定了林业技术的差异性。例如，中国的北方以寒温针叶林和针阔混交林技术为主，南方以常绿阔叶林技术为主，由于地域上的差异，无论发展哪一种技术，切忌"一刀切"或一个模式，必须充分地考虑生物的多样性特点，要遵循因地制宜的基本原则，这就要求在改造客观世界的同时，既要充分发挥人主观能动作用，又要遵循客观规律，盲目冒进违背自然规律必将受到自然的惩罚，必须将二者有机地结合起来，对自然的开发，必须经过严谨、科学的论证与决策，只讲林业技术的自然属性，不讲林业的社会属性是不对的。

2.林业技术的主体性和客体性

林业技术是人对林业资源的动能过程，人们的知识、技能和经验这些主体要素有重要的作用，即使是在现代技术活动中，经验型的技能、诀窍和规则依然是必要的。然而，仅仅是主体的能力和知识还不能实现林业技术功能，林业技术还是精神向物质转化、知识向物质手段和实体转化的过程。林业技术是主体的知识、经验、技能与客体要素（林业生产工具、林业机器设备等）的统一。林业技术既包括方法、程序、规则等软件，也包括物质手段等硬件，缺少一方都不可能产生现实的林业技术。

3.林业技术是林业活动中的直接生产力

林业技术虽然不是林业生产活动生产力结构中的独立因素，但随着林业技术的迅速发展以及在生产过程中的地位和作用的增强，它渗透到林业生产活动中生产力的全部要素之中，并和物质要素结合在一起，增加了劳动者的知识，提高了劳动者的技能，改造了林业劳动生产的技术设备，等等，由此，林业技术便成为直接的生产力。大量事实表明，在现代林业生产活动的生产力诸要素中，如林业生产工具、林业生产机器、设备等，无一不是林业技术应用的结果，无一不是科学通过林业技术转化为直接生产力的结果。

（四）林业技术的功能

1.林业技术的生态功能

林业技术的功能，是在遵循生物植物法则基础上对"林业资源"的"保护性开发利用"的"技术"，是人的技术实践活动与大自然的"林业生态过程"的一种有效结合，就是技术对自然环境改造的能力，这种改造既有正面的作用又存在负面的效应，重要的是如何在发展中发挥其正面的作用，克服不利的因素。林业技术在作物的品种改良上有着十分突出的贡献，品种改良重点在产量方面，所谓优良的品种，在丰产性、适应性、抗性等方面表现突出。一般增产在20%~30%的良种相配套，才能表现出优势来。因此，林业技术功能就是不断改进林木作物栽培技术，提高作物对光、热、水的利用率，改进林木作物对自然环境的适应能力，从而有效保证林木作物稳产高产。我国的栽培技术在林业增产因素中占10%~15%。林业技术功能还表现在对自然界不良因子的控制能力，其方法有生物防治方法、化学防治方法与物理防治方法，这些方法有效防治害虫对林作物的危害，保证了林作物稳产高产，同时又改善了森林生态环境。有资料证明，有效地防治病虫使林业生产中可能发生的损失减少40%~80%。

2.林业技术的经济功能

经济效益的提高主要表现为林业技术的进步，提高劳动生产率、林地生产率，做到高效率低成本，从而达到保护自然资源的目的，使自然资源得到充分利用。生态环境又向良性方向发展，特别是在今天保护人类生存的地球保护生态环境，这样的林业技术越来越受到人们的重视，那种掠夺式的林业技术将要逐渐被淘汰，人们将更多的目光投向以下几个方面。

其一，不断提高光能利用率，地球表面每天接受的太阳能1.49E22焦耳，绿色植物只能利用0.2%～0.5%，平均利用率不到1%，最高的光能利用率为2%，据日本科学家研究证明，绿色植物的光能利用率可高达5%，在多方面仍有很大的潜力，如何提高光能利用率，是林业技术研究的核心问题。

其二，用养结合、不断提高林地土壤生物活力或者增加林地土壤中的氮素含量，保持林地土壤中的养分平衡。但大多数林户只用林地，不善养林地，使林地土壤下降。保持和促进生态平衡，促进林地土壤高效的生产力提高是林业技术研究的一个重点方面。

其三，合理利用水资源，使有限的水资源得到充分利用。林业技术应该重视植树造林，创造一个良好的生态环境。林业技术是一个综合的指标，良好的林业技术可以提高农业生产的整体功能，从而起到农、林、牧、副、渔有机结合，综合发展使自然资源、生物资源得到高层次的利用，达到全面提高经济效益、社会效益、生态效益的目的，协调人与自然的关系，最终实现农业稳定发展。

（五）林业技术的构成要素

林业技术由三大要素组成：智能、技能、物能。智能是从事林业生产，科研与管理者的智慧能力。技能是劳动者在林业生产活动中可掌握的最基本的操作方法、技巧能力。物能是劳动者在从事林业活动过程中可使用的物质手段能力。三者相互联系、相互制约，又相互区别，从而构成林业技术的整体。智能既有理性知识，又有感性的经验以及逻辑思维能力。技能是智能驱使物能的手段，包括林业技术活动的操作程序，操作方法及使用物质手段的艺术与技巧。物能是种客观的物质手段，有机械、物理、化学和生物之分。三者密不可分，智能源于实践，但又高于实践，从而又指导实践，特别是对技能、物能的认识、改造，技能由经验和知识转化而来，物能本身就是智能的集中体现，作为一项完整的技术，"三能"缺一不可。如果智能水平低，那么技能与物能的水平也不高。随着现代科学的高度分化与高度综合，信息化、控制化、系统化以及电子计算机技术，分子合成技术和分子生物技术等高科技的发展，常规的林业技术的结构正向知识密集型综合林业技术结构形态演变，可以这样认为，常规现代林业技术的物能使人的脑力得到延长，因此，现代林业技术结构又称为知识密集的综合林业技术。

（六）林业技术的分类与体系

林业技术体系旨在为我国林业良性发展、林业产业不断满足人们物质需求的愿望以及稳定高效发挥生态防护功能提供一系列关键技术，构成保障我国林业生态和林业可持续经营发展的重大技术支撑。林业技术体系包括：

1.林木选育技术

包括林木引种技术、选择育种技术、杂交育种技术、无性系育种技术、生物工程技术、建立良种基地技术、林木种子采集技术、林木种子品质检验技术、种子贮藏技术、种子的调拨与包装运输技术。

2.林木营造技术

包括育苗技术、速植苗造林技术、直播造林技术、分殖造林技术、飞播造林技术、封山育林技术、幼林抚育技术、幼林检查技术、速生丰产用材林营造技术、农田防护林营造技术、防风固沙林营造技术、水土保持林营造技术、经济林营造技术。

3.森林更新及保护技术

包括林木病害及其防治技术、林木虫害及其防治技术、森林植物检疫技术、森林防火技术、森林抚育间伐技术、次生林经营技术、低产林改造技术、打枝造材技术、伐区清理技术、采伐流水作业工艺。

4.森林测量及林地规划技术

森林测量技术、测树技术、森林调查规划技术、园林绿地规划设计技术、自然保护区与森林公园建设及管理。

5.林产品加工及多种经营技术

包括木制品的生产与加工技术、人造板生产技术、油漆工艺、林产化工、食用菌栽培技术、林建中草药栽培技术。

二、林业技术生态化的含义

（一）林业技术生态化的界定

目前，国内外对林业技术生态化的确切内涵还没有一个定义，但各界习惯用绿色林业技术、生态林业技术、森林环境友善技术等名词来描述林业技术生态化及其相关内容。本书认为，林业技术生态化是以森林为载体，围绕这个载体所产生的关系和技术的总和。由于国内外学者对生态林业技术的研究较少，所以本书对林业技术生态化概念的界定只能基于林业技术、技术生态化、生态林业技术相关研究的基础对林业技术生态化进行浅薄界定，难免有偏颇之处，还望各位学者批评指正。

国内学者秦书生认为："生态技术是指遵循生态学原理和生态经济规律，能够保护环境，维持生态平衡，节约能源、资源，促进人类与自然和谐发展的一切有效用的手段和方法。"[1]

张志勇、孙育红认为："生态技术是依据生态系统原理和生态设计原则，从工厂使用的原料开始，系统全面地对工厂的运作过程进行合理设计而得出的一套新的工艺流程、新的工艺方法、新的能源和原材料利用方法及新技术的使用方法。"[2]

本书对近年来有关林业技术的文献做了相关阅读和分析，简单地对林业技术生态化概念进行了界定，即林业技术生态化是运用生态学原理，研究如何使林业技术融入林业生态系统中变成林业生态系统的有机部分，完全发挥生态功能，可持续地利用林业资源所采用现代科学技术建立的林业生态技术系统。它强调以合理的林业生态系统结构，高效能地利用自然资源，生产出种类多、数量大、质量好的产品，同时又能维持人类生活和生产的最佳环

① 秦书生，赵晶，庞丹.论技术创新生态化[J].理论界，2004，2（4）：50-55.
② 张志勇，孙育红.生态化技术创新机制探析[J].经济视角，2006，8（2）：32-35.

境。因而，它是经过人为设计和建造的林业生态技术，是一种新型的林业生产技术模式。

（二）林业技术生态化的特征

根据技术生态化实践过程与成功经验，可以把林业技术生态化的特征概括为以下几个方面。

第一，系统层次性。系统性是指林业技术不是只指某一单项技术，而是一个技术群，或者说一整套技术。层次性是指林业技术思想表现在林木良种选育、林木种植、育苗、造林、森林经营与主伐更新、森林保护、森林多种经营、林产品加工等层次，它们相互区别又相互联系。

第二，生态创造性。任何一项技术都包含了创造性的成果，林业技术生态化也不例外。这种创造性体现在两个方面：一是产品或是工艺上，采用了新的生产工艺，研发了一系列符合市场的新产品，这种创造性比较直接；二是采用了新的管理方法或是组织制度，这是技术创新运用在人的身上的体现，也体现了一种创造性。生态性是指林业技术生态化与传统林业技术相比，它的优势体现在生态化上，其表现是：充分尊重自然的生态规律，将生态学基本原理运用到林业技术过程中，实现了林业技术与生态的结合。林业技术生态化将林业技术活动与环境保护结合起来，是一种新型的技术观。

第三，动态地域性。正如生态系统是一个动态平衡系统一样，林业技术是一个发展的、动态的相对概念。随着时间的推移和科技的进步，林业技术的内涵也将不断变化和发展。在特定的历史环境中会产生不同的林业技术类型。不同地域的人们在不同的历史阶段的思维方式、价值观念以及研究的重点和思路都不同，单从空间来看，由于人类活动空间分布的不平衡性，以及森林生态系统之间的天然差别，区域森林生态系统的承载状况是不一致的，同一林业技术系统在一个地方可能超过该地区域森林生态系统的承载能力，被划为非生态林业技术；在另外一个地方可能仍处于该地区域森林生态系统的容量之内，被归入生态林业技术列。

第四，自然周期性。林业生产活动周期长，从林业技术研发到正式投入生产需要很长时间，加之森林资源本身的经济成熟期较长，一个生产周期一般需要几年、几十年，不像农产品、工业产品生产那样短。

第五，低收益高风险性。林业生产从本质上说是生物生产，生物生产遵循长期持续的安定原则，为实现这一原则需要制订长期计划。工业生产从本质上讲是追求短期高经济收益，因此，现有的工业生产从长远观点上来看，是不可持续发展的。林业生产的长周期性，会明显降低投资者的投资效益，同时，较高的风险，也会降低投资者收益。造成这些特点的原因是林业本身属性决定的。

（三）林业技术生态化的意义

林业技术生态化具有以下几方面的意义。

1.林业技术生态化有助于可持续发展战略的实现

可持续发展是一条新的发展道路，它强调人与自然的辩证关系，强调人类社会发展的长期性、持续性，其实质是要求人们从向自然索取的传统经济发展方式转向可实现良性循环的经济发展方式。可持续发展战略是建立在充足的物质基础上，这就要求我们要以经济建设为中心。经济建设并不单纯地指经济数量的增长，而是包括质量在内的整体经济实力向前推进。它包括协调各方面的利益关系，处理好环境与经济、人口与经济、社会与经济的共同发展，是一种健康的、可持续的经济发展模式。林业技术生态化的实现有利于解决经济发展与林木资源利用和森林环境保护的关系，注重林业技术的使用对森林生态环境的影响，强调林业技术的应用，力求做到森林资源最大限度地转化为产品，废弃物排放最小化，从而节约资源，避免或减少环境污染，因而，林业技术生态化有助于可持续发展战略的实现。

2.林业技术生态化有助于科学发展观的落实

科学发展观坚持以人为本，是全面、协调、可持续的发展观，其实质是促进经济社会和人的全面发展。林业技术生态化要求林业技术的应用要为解决森林生态危机贡献力量，林业技术要利于提高森林资源利用率和实现森林生态环境保护。林业技术生态化克服了过去只看到自然的"消费性价值"，而忽视自然的内在价值的片面性，改变了过去在认识自然与人的"主客二分"的思维模式，它要求把人与自然平等相待，强调二者的利益互补性。林业技术生态化便是这一思想的体现，它尊重自然的生态规律，以保护森林环境为出发点，以实现人与自然和谐相处为最终目标。因此，林业技术生态化有助于实现人与自然、人与社会的协调发展，从而更好地落实科学发展观。

3.林业技术生态化有助于更好地建设生态文明

生态文明是脱胎于工业文明和农业文明，以人类社会与生态系统的和谐发展、共同进化为核心的物质、精神和制度成果的总和。生态文明是人类文明新的发展方向，其基本特征是：思维方式的生态化、发展方式的生态化和消费方式的生态化。林业技术生态化倡导林业技术应用中的生态化指向，倡导生态消费，从而有助于人们生态观念的确立，生态消费的推行，有助于生态价值的确立及生态文化的推广，有助于更好地建设生态文明。

4.有利于激发社会创造活力，促进社会的公平正义

人的自由和全面的发展是社会化大生产的必然。只有全面发展的人，才能驾驭生产力、科学技术和交往形式的巨大进步。林业技术生态化把人的全面发展作为最高价值取向，它突出了人在林业技术活动中的主体地位，有利于实现人的生态化，促进人的自由和全面的发展。森工企业是创造社会财富的重要组成部分，激发森工企业的创造性，提高员工的生产积极性，将大力促进森工企业的生产能力，从而为建设一个内外和谐的森工企业奠定良好的基础。林业技术生态化主张把人的发展作为最高的价值取向，有利于促进社会的公平正义，维护社会的和谐。实现社会的公平正义，首先必须要重视个人的发展，要把人的尊严、价值、权利放在第一位，人人都享有自由发展的空间。只有这样，才能促进整个社会的公平正义。林业技术生态化注重人的价值的体现，坚持以人为本的原则，这与追求社会的公平正义是一致的。

第三节　林业技术生态化的原则与模式

一、林业技术生态化的任务与原则

（一）林业技术生态化的任务、内容与目标

1.林业技术生态化的目标

通过现实和潜在森林生态系统的科学管理、合理经营，维持森林生态系统的健康和活力，维护生物多样性及其生态过程，以此来满足社会、经济发展过程中，对森林产品及其环境服务功能的需求，保障和促进社会、经济、资源、环境的可持续发展。主要体现在：一是林业非物质效益产出能力的可持续，包含森林在生态环境效益方面调节能力的稳定性和持续性以及生物多样性保护等；二是林业在物质产出方面能力的可持续，即森林作为物质资料木材的来源，在物质供给能力与经济效益循环过程中的平衡和增长。

2.林业技术生态化的任务

第一，对现有技术进行生态化改造。长期以来，我国的经济以粗放式增长方式为主，所使用的技术多数以传统技术为主，此类技术能耗大，资源转换率低，同时对环境也容易造成污染。我国的技术装备与技术水平与发达国家相比还比较落后。只有通过对现有技术的生态化改造，以生态化技术替换现有技术，才能把传统企业改造成现代企业，以提高资源的利用率和减少对环境的危害。

第二，倡导生态消费，推广生态文化，建设生态文明。技术是社会大系统中的一个子系统，社会的消费观念和消费方式，价值观念和社会意识，舆论导向和主流文化都会对技术的发展造成影响。消费是生产的基础，消费能引导和刺激生产。随着人们环保意识的增强和对自身健康的关注，那些对环

境污染少、资源利用率高的生态产品将会成为未来消费的主流，这将刺激相关企业在生产流程、加工工艺上的生态化改造，有利于技术的生态化转向。同时，社会价值观和社会意识以及在此基础上形成的社会文化，也对社会发展产生巨大的影响。推行技术生态化，同样受到社会文化的制约。因此，通过舆论引导、媒介宣传、社会互动、学校教育等方式加强宣传和导向，提高公众的生态意识，形成良好的生态价值观和伦理道德，并在此基础上建设生态文明，必将大大促进技术的生态化发展。

3.林业技术生态化的内容

（1）林业产业生态化

林业技术生态化不是自发地进行的，总要有人的介入，是在人这个主体推动下进行的。林业产业生态化的行为主体是国家各级政府。其行为内容主要涉及林业产业可持续发展规划的制定；确立适合于本国本地区林业实际情况的可持续发展模式；制定与发展规划与模式相关联的林业产业政策；建立健全使林业经济、森林生态环境和社会协调发展的林业产业结构和林业产业布局。从这个意义上说，政府主要考虑的是宏观上如何协调林业产业间及林业产业同环境的关系。这个层次主要考虑的不是十分具体的林业技术问题，而是在进行宏观的战略性的规划过程中考虑到林业技术和森林生态环境的关系。要有生态学思想的指导。林业产业的生态化还体现在林业产业布局方面，所谓林业产业布局是指林业产业生产的空间组织形式。林业产业生产、林业建设项目，总要确定在特定的地区、地点，并在特定的环境范围内同其他产业部门发生各种技术经济联系，从而形成不同类型的地区经济、地区产业体系。林业产业布局受生态环境的条件限制，配置得合理与否对环境的影响极大。

（2）林业企业生态化

有学者主张，林业企业生态化就是森林工业生态化。这样理解容易产生误解。因为"工业"一词和"产业"一词相近，"工业革命"也常说成是"产业革命"。牛津英汉词典中就把"industry"同时解释为"工业、产业"，而企业（enterprise）一词虽有事业的含义，却可以把这种事业理解为从事经营活动的具体实体。显然，"企业"一词应别于"工业"，林业企业生态化应有别于森林工业生态化。林业企业生态化可以理解为是林业企业生存和发展的主要经营思想。林业企业家应具有把本厂、本企业建成生态化林业企业的意识和谋略。具体地说，这种思想的基本特征是：

其一，理解和执行政府制订的林业产业生态化的政策，将林业企业对利润的追求和为社会作贡献结合起来，在林业企业层次上推进林业的可持续发展。

其二，运用生态学思想设立林业企业的远景目标，追求森林工业生态效率的发展而不是只追求利润。

其三，促进林业企业生产经营活动与森林生态环境的协调，提高资源的利用率、减少有毒物的排放，将清洁生产工艺作为生产的中心环节。

（3）林业生产工艺的生态化

林业生产工艺生态化是林业企业生态化的内容之一，也是林业技术生态化三个内容中的最低层次。闭路循环工艺、无废工艺、清洁生产工艺、低污染工艺，都应属于林业企业内生产工艺生态化这个层次。通过这一工艺可以实现林业资源的有效利用，减缓林业资源的耗竭；同时减少了废料和污染物的生成和排放，促进林产品的生产、消费与环境相容。因而，当今世界各国都把推行实施清洁生产当作实现林业可持续发展的根本途径。

（二）林业技术生态化的基本原则

1.综合协调发展原则

林业技术生态化是一个多目标的系统工程，它包含了经济、社会、人的发展及生态环境的保护，实现了多种效益的统一。第一，在经济效益方面，以最小的林业资源消耗实现了最大的经济利益；第二，在生态效益方面，将对环境造成的污染限制在最小的范围内；第三，从社会的角度讲，有利于维护社会的安定与和谐；第四，从人的角度讲，有利于促进人的自由和全面的发展。综合协调发展原则体现一种动态的、可持续的、发展的和谐思想。对立的东西产生和谐，而不是相同的东西产生和谐。只有协调好了不同事物之间的关系，才能产生和谐。协调发展的原则引领林业技术生态化在它诸多的发展目标中寻求一种动态的和谐，使它们之间能够相互补充、相互利用，从而发挥出最大的社会效益。[①]

2.经济效益性原则

所谓经济效益性原则，指的是任何新技术的创造或发明都是为取得的社会劳动的节约，即以尽量少的劳动耗费取得尽量多的经营成果，或者以同等的劳动耗费取得更多的经营成果。林业技术生态化的产生就是为协调社会劳动、生态成本与经济效益之间的关系，使之达到平衡。用更少的社会劳动、生态成本获取更大的经济利益，为社会的发展提供强有力的物质基础。

3.持续发展原则

所谓可持续发展，指的是既满足当代人的需求，又不危及后代人满足其需求的能力的发展。通过实现林业技术生态化，合理利用林业资源，采用生态化的生产方式，既保护了森林生态环境，又节约了林木资源，实现了经济效益与生态效益的双丰收。林业技术生态化不仅要实现经济的可持续发展，也包括实现社会及人的可持续发展。

4.以人为本的原则

林业技术生态化从最高层面来讲就是要实现人的生态化。林业技术因人的需要而产生，其最终目的是实现人的发展。因此，林业技术要反映人的意志，体现人的价值。林业技术生态化满足了人的生态化需求，它强调人的主体地位，注重人性，弘扬人文精神，以实现人的自由和全面的发展为最终目的，是以人为本的体现。

二、林业技术生态化的基本模式

林业技术生态化模式是一项系统工程，是实现生态林业功能的一种技术手段，林业技术生态化模式是以林业可持续发展为目的，按照生态学、林业科学和经济学原理，根据地域的不同，利用现代林业技术将各种生产技术有机结合建立起来的有利于人类生存和森林环境相互协调，实现经济效益、生

---

① 陈伟.福建省林业可持续发展途径的探讨[J].林业经济问题，2001，21（4）：24-27.

态效益、社会效益的全面提高和协调发展的现代化林业生产经营体系。合理选择、利用适合当地发展水平的林业技术生态化模式，是成功实施林业良性发展的前提和重要保障。通过对林业技术生态化含义、目的、作用的阐述分析，提出可供我国选择的林业技术生态化模式，旨在建立我国林业生态符合系统，并确保林业生产系统内物流和价值流的合理流动，最终实现经济社会和生态效益的协调统一。

保护森林生态环境、合理有效地利用森林资源，实施生态林业发展是我国林业发展的基本政策。合理选择、利用适合当地发展水平的林业技术生态化模式是成功实施生态林业的前提和重要保障。我国各个地区林业资源多样，自然环境和经济社会条件的区域差异显著，所能使用的林业技术生态化模式也各不相同。在遵循生态经济规律、以满足人们物质需求为导向的前提下，选择适合当地发展水平的林业技术生态化模式具有重要意义。通过合理利用模式分类并选择最佳模式类型，不仅能使林业资源利用的需求得到满足，而且有利于当地森林生态环境的改善与保护。依据各地区经济发展水平充分利用各地区林业资源，将林业资源优势转化为经济、社会、生态的综合优势，充分体现了现阶段可持续发展的理念，对农民增收以及保持农村稳定也具有重大意义。

（一）立体林业技术生态化模式

立体林业技术生态化模式是应用植物群落成层性的结构原理、生态位原理，在同一地段上，根据不同生物种群的生态性不同，多层次的配置生物种群，充分利用垂直空间谋求高产出的林业生产模式。

主层种群的选定：立体林业生态技术复合经营的主层次，一般是指上层林木，它在立体林业复合经营模式中往往起着关键性的主导作用。林木复合经营的树种选择，除了上述物种组合原则外，一般认为，具有以下特性的树种适合于森林复合经营：有固氮能力可改善地力；速生性十分强，可尽早获得经济效益；很强的萌生能力，适合矮林作业，使模式经营具有稳定性，多用途，经济价值高。

副层次种群的搭配在设计中遵循以下原则：对光的需要，需光性与耐阴性种群相结合；根系的分布，深根系与浅根系种群相结合；地下部分垂直分布，高秆与矮秆林作物相搭配，乔灌草相结合；共生性病虫害，无或少；根系分泌物和掉落物，考虑互无影响，或有促进作用，要排除有毒他作用的种群。

副层次种群的搭配举措如下：

第一，立体种植。指根据不同植物种群的高矮和喜光程度的差别，种植在同一地面上的生产模式。一般的做法是：使用高大而喜光的乔木，如橡胶树、椰子树、油棕、香椿等作主体即上层；以半耐荫的小乔木、灌木，如茶、可可、咖啡、肉桂等作副层即中层；以草本，如南药、豆类、甘蔗、玉米等作底层即下层。例如，云南热带植物研究所营建的橡胶林，其结构为四层：橡胶树/肉桂和萝芙木/茶树/砂仁，是优质、高产、高效的典型立体林业。在热带、亚热带，水热条件优越，立体种植技术推广具有重大意义。但在温带地区如能正确运用，也能获得良好效益。

第二，立体种养。是指在同一地面上，既种植植物，同时又饲养动物、培养食用菌的生产模式。例如，林—鹿或蛙、菇；果—蜂或鸡、兔、羊、猪、菇。

（二）林地地面综合规划技术生态化模式

在一个地区内，地形的变化导致了各具体地段的气候、土壤有所差别，顺应其差别，选择不同的林业生物种群，把它们配置在适宜生长的地段上，才能充分发挥土地的生产潜力，实现改善景观，防止水土流失的环境综合治理的良好效果，也叫作土地资源利用平面规划设计技术。运用这一技术模式的基础是查明施工范围内，存在明显差异的各类土地面积及其现实利用状况。其技术关键是选择出各类土地上最适宜生长的生物种群，按照一定的比例进行配置，使其各得其所，各司其职。另外，还需考虑市场需求、价值规律、资金、交通等社会因素的制约作用，才能使合理利用土地资源的规划设计切实可行。

在一定宜林山地区域内，根据国家社会经济可持续发展的要求和当地自然、经济、社会条件对宜林山地开发、利用、治理、保护在空间上、时间上所作的总体的战略性布局和统筹安排。它是从全局和长远利益出发，以区域内全部林业山地为对象，合理调整林地利用结构和布局；以利用为中心，对林地开发、利用、整治、保护等方面做统筹安排和长远规划。目的在于加强林地利用的宏观控制和计划管理，合理利用林地资源，促进林业经济协调发展。

加拿大的森林资源之所以源源不断，林业长盛不衰，主要是加拿大林业利用土地平面规划设计技术和各种生态技术，这是加拿大林业发展的一大特色。加拿大编制林地利用规划要遵循以下原则：严格保护基本的宜林山地，控制非林业建设占用林地；提高林地利用率；统筹安排各类、各区域林地；保护和改善森林生态环境，保障林地的可持续利用。林地利用规划技术模式是对林地利用的构想和设计，它的任务在于根据国民经济和社会发展计划和因地制宜的原则，运用组织林地利用的专业知识，合理地规划、利用全部的林地资源，以促进林业生产的发展。具体包括：查清林地资源、监督林地利用；确定林地利用的方向和任务；合理调整林地结构，消除不合理林地利用；落实各项林地利用任务，包括林业用地指标的落实，林地开发、整理、保护指标的落实；保护林地资源，协调经济效益、社会效益和森林生态效益之间的关系，协调林地保护和促进林业经济发展的关系。同时实行森林分类经营，努力处理好森林经营过程中保护、利用与发展的关系，维持现实和潜在的森林生态系统的健康和活力，促进森林生态系统的演替向着人与自然和谐的方向发展。

（三）时间结构调控技术生态化模式

时间结构调控是通过选用生长发育有时差的一些生物种群，并按照一定的时间顺序配置在同一地面上的生产模式。时间结构设计，必须根据林业物种资源（树木、光、水、土等）的日循环、年循环和农林时令节律，设计出能够有效地利用自然资源、生物资源、社会资源（如劳力、化肥等）的合理格局或技能戒律，使这些资源转化效率较高。时间结构调控技术途径的特点，一是以林养林，以林护林；二是在林内行间安排一些短期林作物或见效快、收益早的其他种群，以短养长，长终端结合。

掌握树木与林间作物物期的交替规律性，在时间上按季节进行合理的作物安排。根据树木不同生长阶段，林下光照和空间可利用状况，安排其他种群作物的间种。随时间推移，调整系统空间结构和物种组成，安排林作物的间作，以克服系统结构演变对间作造成的不利影响，获得最大的效益。生物赖以生存的环境资源，即光、热、水、养分等，都具有明显的节律性变化，生物对这种变化长期适应的结果，便形成了自身生长发育的节律性，因此，二者有着密切的对应关系。显然，如果环境资源不能及时被吸收利用，转化成生物产品，就会白白浪费掉，同时生物错过生长季节也不能正常生长发育。为此，对每个时间区段内的资源应加以充分利用，尽量减少空闲时段。这是提高生物产量的重要措施。

1898年，盖耶尔提出"近自然林业理论"，认为人类要尽可能地按照森林的自然规律来从事林业生产活动。这种理论在当时并未受到重视，后来在人工纯林很难满足人们对环境与美学需求的前提下，"近自然林业理论"才得到重视，并逐渐传遍欧洲和全世界。"近自然"是指在经营目的类型计划中使当地群落主要的乡土树种得到明显表现。德国利用时间结构调控技术不是将森林回归到天然的森林类型，而是尽可能使林分的建立、抚育、采伐的方式同"潜在的天然森林植被"的自然关系相接近；在同一地段上根据不同生物种群的生态性不同，多层次地配置生物种群，充分利用垂直空间谋求高产出的林业生产技术模式。这使林分能够接近生态的自然发生，达到森林群落的动态平衡，并在人工辅助下使天然物质得到复苏。

（四）食物链结构调控技术生态化模式

食物链结构调控技术模式是指按照种群组合的原则，将速生或慢生、深根与浅根，喜光与耐阴，有根瘤与无根瘤林木等组合在一起。体现物种之间互利共生的原则，使其各得其所，目的是发挥森林系统的整体生态效益的技术系统。

食物链结构调控技术模式设计所应遵循的原则：

第一，要排除生物化学上相克的作物与树种组合在一起，自然界有一些植物的分泌物，由于这一类毒他化学植物与其他生物组合在一起，发生相克现象，往往造成农林复合系统结构的不稳定，功能削弱，甚至系统崩溃。毒他树种有核桃、核桃楸、川株、桉树类、马醉木、苦参、梧桐（青桐）、刺槐、银桦、山杨等。

第二，选择高光合、低消耗、高生产率的优良品种和耐阴力强、需光量小、低呼吸低消耗的、有经济价值的品种，有利于多层垂直结构的情况下提高生物生产力。

第三，选择在生物学上有共生互利偏利寄生作用（如菌瘤、根瘤固鞍）物种，将它们有机地组合于一个模式。

第四，避免间作对林木生长不利的作物，如喜光、喜肥、喜水高秆作物。

第五，不要间作与林木有共同病虫害的作物，以免带来林木病虫灾害。

第六，在同一块林地上，要实行轮作，不要长期连续栽种同一种树种，以免林地地力耗竭，或积累某种化学物质，造成树木生长不良和滋生害虫病。例如，杉木、杨树连栽，造成低产林。

在确定了系统物种搭配之后，就要安排各组分之间的比例关系。不少森林复合系统都具有食物链结构，对于这类系统，较高一级的营养级种群与低一级种群之间要满足"营养级金字塔"定律。如果金字塔定律没有得到满足，那就必须从系统外向高级营养群输入额外能量，否则系统就不能正常运行，生产力便得不到维持。

但大多数森林复合系统的组分均为植物生产者，它们之间并不形成完整的食物链，系统各组分之间并不受生物性规律的制约，由生产者自身需求、市场供应状况、生物组分对环境的作用等因素而定，由于要满足生产者自身的需要，森林复合经营系统往往要以某一组分为主，其他组分为辅。

在林业生态系统中，增加植物的净生产量是提高系统整体效益的基础，但这部分产品中有一部分是直接利用价值不高或是根本不能用的废物，如能将其进一步转化为食物、饲料或工业原料，就会创造出更大的经济效益。如将不能用的树叶、木屑、棉子壳等通过家畜、家禽、昆虫等动物将其转化为肉、蛋、奶、蜂蜜、皮毛等产品，或利用食用菌将其转化为香菇、平菇、金针菇等蔬菜。这种多级利用植物产品、兴利除害，变废为宝的技术，是通过对食物链结构的调控实现的，其具体做法称为"加环"。在食物链结构调控中，按环节的性质和功能作用不同，可分为四类：

其一，生产环。它是利用非经济产品或部分非经济产品直接生产出能供人食用或使用的经济产品的食物链环节。如将蜜蜂引入刺槐林内，它可把花粉转化成蜜糖、王浆以及工业用的黄蜡和蜂胶。

其二，增益环。在食物链中，由某些环节所转化成的产品常不能或暂时不能被人直接利用，但这种环节对系统的效益增加有益，故称为增益环。如蛆虫可翻松土壤，改善土壤结构，增加土壤有机质，提高肥力，从而可使林作物高产，还可以作为养殖鱼、禽、畜的高蛋白饲料，使目的生产环增加效益。

其三，减耗环。为消除那些对生产环不利的环节，如害虫，所采取的能起抑制作用的环节。这种环节多为害虫的天敌种群。

其四，复合环。是在食物链中具有生产环和减耗环两种功能作用的环节。如在林内养殖山鸡可消灭害虫又能生产蛋、肉等野味食品。

美国利用食物链结构调控技术，在林业生态系统中，增加林木的净生产量来提高系统整体效益，美国将部分产品中直接利用价值不高或是根本不能用的废物，转化为食物、饲料或工业原料，创造出了可观的经济效益。还利用基因工程培养抗除草剂、抗虫、抗病、材质好、树干笔直的优良树种；复合木材技术使木材消耗量减少，大大提高了木材利用效率；在森林资源防火、监测、管理中全面运用遥感技术、地理信息系统和计算机网络等，极大提高了管理能效。

第二章 林业发展与生态建设基础理论

第一节 林业产业发展与林业生态建设

所谓的生态林业，是指对当地的自然资源加以充分利用，使林业达到可持续发展的同时，将最理想的环境状态提供给人类的生存和发展所需。在林业发展中，生态林业是基础，森林的功能、地位和作用对生态林业起着决定性的作用。在我国，森林资源非常丰富，并且具备强大的功能，很多产品都是由木材所生产出来的，产生的经济效益也很可观，森林资源还是天然氧吧、过滤器、基因库以及动植物的栖息地，给人类带来了很多的价值，在人类的生存和发展过程中发挥着重要的作用。我国的经济组成也包括林业产业在内，林业产业和林业生态建设之间其实就是经济效益与社会效益之间的关系，后者可以使生态环境得到极大改善，前者可以产生可观的经济效益，从而形成一个高效稳定的生态系统。

一、林业产业发展与林业生态建设之间的关系

（一）矛盾与影响

对森林资源进行使用就是林业产业发展的基础所在，在对轻工业产业的发展需求进行扩大的同时，要大力发展林业产业，使用的主要方法就是不断地扩大森林资源。在实现林业生态建设的过程中，合理保护森林资源是其基础，使人们在环境保护意识上得到提升，防止乱砍滥伐。矛盾和影响其实是

相依相存的，两者之间相互牵制着，也相互促进着。

（二）依存与促进

要使林业产业实现可持续发展，就必须要有效保护森林资源，考虑到长远发展，森林资源在林业产业发展中要作为必要的动力源泉。林业产业的发展过程实际上和社会中的人与自然之间的可持续发展是相互映衬的，不但可以使经济效益得到重视，还能同时促进社会效益和生态建设的发展，也能提高环境效益。当社会效益与生态效益、经济效益与环境效益保持一致的时候，林业发展就会达到发展的平衡状态，这不仅能使林业产业的发展得到提高，而且还能对生态环境进行更多的保护，两者之间相互依存，互利共赢，对可持续发展非常有利。

二、处理好林业生态建设与林业产业发展之间的关系意义重大

林业产业发展与林业生态建设之间是存在矛盾的，处理好两者之间的关系，就是在解决两者之间的矛盾，所以，处理好林业产业发展与林业生态建设之间的关系具有重要的意义。站在林业的战略发展角度及林业的持续发展角度来看，处理好两者之间的关系也是极为重要的。林业产业的发展和林业生态建设之间存在作用与反作用的关系，在一定程度上是属于循环发展的一种模式，也就是说，无论是林业生态建设还是林业产业发展，如果有一个方面遭到破坏，那么整个林业的发展都会受到巨大的影响。除此之外，我国的经济结构随着市场的发展需要也在不断地进行调整，在林业产业发展过程中，其发展模式受到了一定的影响，如今的经济发展形势是以生态建设为前提的，林业企业一定要选择环保节能的新模式，同时还要不断创新，找到更为环保的经营模式。在此基础上，林业产业发展与林业生态建设之间存在的相互促进效果才会更好地发挥出来。

三、促进林业生态建设及林业产业发展的相关策略

（一）完善林业相关的法律法规

近几年，不同的行业在林业资源上的需求量也在持续地上升，部分不法分子为获得高额利润而将法律法规视为儿戏，对森林资源进行乱砍滥伐，将林业资源私下贩卖，极大程度地减少了我国的森林资源，同时也在很大程度上破坏了生态系统。对此，国家政府部门务必要引起高度重视，对于林区生态保护工作的具体状况，对林业保护的有关法律法规进行及时调整和完善，要严厉惩罚那些违反了法律法规的人，对于乱砍滥伐的现象要严厉禁止。政府部门要将宣传力度加大，倡导社会不同行业对林业产业的发展以及林业生态建设的有关问题予以广泛关注，对招资引商要积极推进，使林业产业经济的发展更上一层楼。

（二）关注林业生态建设

林业经济发展在长时间内都被社会各界广泛关注，眼下，社会各界在林业生态保护以及林业生态建设等方面都给予了重点关注。在林业发展上，和林业发展有关的政府部门要予以适当的支撑和帮助，在支持现代林业发展时，政府部门要在资金上给予充分保障，使现代林业呈现更快的发展，使得林业生态保护工作得以顺利进行。另外，林业企业要将争取来的资金合理且充分地加以利用，合理分配生态建设的资金，通过人工补植的办法，在林区的空隙位置补种上高等的树种，对林区的生态系统结构加以完善，使林区的生态效益得到不断的提升。

（三）多样化的林区经营模式

我国因为国土面积较大，林区的分布也不平衡，不一样的林区特殊性也较强，所以，不管是从林业产业发展的角度来讲，还是从林业生态建设的角度来说，都需要将当地的实际情况结合在内，依据自己的实际情况合理安排林区的工作。在对林业进行发展的同时，认真研究本地的经济发展情况，利用本地经济发展上的优势设立多样化的经营模式，进而使本地林业发展的

需求得到多方面的满足。比如，对于农业水平较高的区域，可种植上适合的农作物，实现林业和农业的同步发展，对当地经济在协调发展上有着积极作用。有些林区所处的区域，其旅游资源很丰富，对于这种情况的林区，就应该将林业与旅游业融合在一起来发展，对生态林业旅游项目大力发展，这样不但能使本地的林业经济效益得到发展，还能使林业得到更好的宣传，实现多形式的经营。①在对林业生态环境进行保护的过程中，要对当地的生态优点加以充分利用，优先补种当地的优势树种，进而在使当地林区的生态环境得到保护的同时，还可以使生态保护的经济效益得到有效的提高。

（四）坚持科学稳定的发展战略

对于产业发展而言，主要推动力就是先进的科学技术，同样，在林业产业发展中，高新技术的融入也很重要，而且还会对现代林业的发展速度产生一定的影响。我国林业经济的发展在当下来看还是很可观的，因此，也就更需要有科学技术做支撑。首先，通过合理、科学的规划，可以更加合理有序地开展林区内的种植工作和后期的补种工作，这种做法不但能使林区的经济效益得到提高，还能更好地推动林区的生态环境建设。其次，若林区所属的区域其生态系统的稳定性不强，林区内一旦发生自然灾害，便不能抵御自然灾害的侵袭，但如果有了先进的科学技术做支撑，就可以使林区的抗灾害能力得到有效提升，使灾害对林区的影响程度降低，更好地实现林区的生态平衡，产生很好的效果。再次，在林业发展过程中，将最先进的科学技术和理论知识引入其中，就能使林业产业的竞争力得到明显的提高。最后，如果在林业生态建设和林业发展中投入科学稳定的发展战略，不但能使林业所带来的经济效益得到提升，还能使生态效益得到提高，林业的持续发展对于国家的可持续发展也很重要。

综上所述，国家经济的快速发展，使得现代化的林业发展在速度上被加速，对于林业生态建设的资金投入也在不断扩大。在新时代的发展趋势下，务必要将林业产业的发展和林业生态建设之间的关系进行梳理，社会各界和

---

① 李杭新.浅析林业工程造林管理的方法及意义[J].花卉，2019（6）：155-156.

林业企业在生态建设的认知方面要不断完善，有关企业和部门还要在管理力度上不断加大，使得林业生态建设和林业发展能够有一个坚强的后盾。

第二节　绿色发展与林业生态化建设

一、绿色发展理念

（一）绿色发展理念提出的背景

自21世纪开始，"绿色""生态"等词汇是国际社会、各国政府，甚至百姓日常生活中出现频率比较高的词汇，生态问题成为当今世界最受关注的问题之一。生态环境在生产力得到巨大提高的今天，受到人类活动前所未有的破坏。生态系统的破坏，人类同时也遭遇了生存的困境。生态环境问题不仅是我国快速发展中面对的难题，如今也已成为国际性问题，关乎人类社会的发展和地球的未来。在国际社会间联系日益紧密的当下，生态环境破坏所导致的生物多样性减少、资源枯竭、环境恶化等问题的负面影响范围也在不断扩大。在面临生态危机这一全球化问题的过程中，中国自觉担负起大国担当，开始为世界贡献中国智慧和中国力量。中国将继续承担应尽的国际义务，与世界各国深入开展生态文明领域的交流与合作，推动成果分享，携手共建生态良好的地球美好家园。

实现绿色发展是维护生态平衡的必要发展路径，绿色发展是对传统现代化发展路径的摒弃，是经济发展和环境保护实现"双赢"的良方，是实现人与自然和谐共生的价值引领。随着大工业的发展，经济效益成了人们关注的第一位，在过度重视经济效益的时期，人类社会忽视了对生态环境的保护，造成了今天的严重生态问题。生态环境的平衡被打破，生态系统中的许多重要环节失去了平衡，人类的生活能够享受绿水蓝天、呼吸新鲜空气、喝上纯净的天然之水已经成了一种奢望；矿产资源被过度开发利用，有些重要资源已日趋枯竭；野生动物的生存环境由于人类的介入而失去了赖以生存的家园，种群数量减少明显，许多成为餐桌上的美食和身上华丽的服饰；空气污染严重，口罩成了日常离不开的用品……必须指出的是，绿水青山和金山银山绝不是对立的。绿色发展理念正是回应了我国经济快速发展与生态环境建设不平衡的时代难题。一方面，"绿色"强调平衡和调节人与自然之间的关系，不能简单地将提高后的生产力作为简单利用自然和改造自然的手段，而是要将绿色生态理念融入社会生产力发展中，让绿色成为保护和推动生产力持续发展的力量。另一方面，绿色发展理念也体现了人民群众对美好生活的向往，这是站在人类社会发展的宏观视野，为华夏子孙的长远利益以及人类世界的长远利益提出的发展理念，是实现人类文明全面转型、顺应全球绿色新政和破解中国环境问题瓶颈的迫切需要。

（二）绿色发展理念的主要内容

绿色发展就是坚持生态发展之路，实现人与自然的和谐统一。随着人民物质生活水平的不断提高，精神世界愈加丰富，绿色发展理念也被越来越多的人所接受，民众也开始重视生态环境问题。雾霾、沙尘暴、工业污染、森林面积减少等生态环境问题不仅直接影响到民生，同时也带来了其他许多领域的问题。只有为人民构建良好的生态环境，才能使生产顺利进行，人民安居乐业，生命健康发展。绿色发展观是我国在全球经济快速发展给自然资源和环境造成较大压力的情况下，经过深入反思发展与生态保护关系的基础上提出来的发展理念。

"自然界和人是相互影响、相互促进的一个整体"，绿色发展首先就是利用好自然生产力。按照恩格斯的观点，从本源看，生产力是具有劳动能力的人和生产资料相结合而形成的改造自然的能力。生产力的概念中就包含自然和生态方面，人只有合理地利用和改造自然，才能让生产关系和生产工具始终符合社会发展的要求。与社会生产力、企业生产力相比，自然生产力具有典型的不可代替性，如氧气、水资源、矿物、生物等。虽然随着人类科技水平的不断进步已降低了对自然环境的依赖性，但从持续发展的角度来看，自然仍是人类社会的发展根基。在过去很长一段时间内，自然生产力为社会生产力、企业生产力提供服务。传统的发展理念虽然在短期内取得了较大的经济成果，但其导致的自然环境破坏、物种灭绝、人类生存环境的恶化等负面作用对人类社会的影响却是十分深远的。因此，我们必须认识到自然生产力的重要性，将发展自然生产力放在优先地位，进而推动社会生产力的持续健康发展。从二者的关系来看，自然生产力与社会生产力相辅相成，其均衡和协调才能促进双方的共同发展。自然资源和生态系统的承载能力都是有限的，但社会生产力对资源的开发和生态的破坏超过这一限度时，就会导致自然生态系统的失衡。对于轻度的自然生态破坏，生态系统能够对其进行调节，使其恢复平衡。①但造成的破坏超过这一限度时，其失衡往往是不可逆的或是需要长时间的恢复，这又会影响到人类的各项生产活动和生态安全，甚至使社会生产力发展陷入停滞。

二、基于绿色发展理念的林业产业发展模式

我国传统的林业产业的特点是以生产林木为主的产业模式，这种产业结构比较单一，对生态环境的破坏性较大，后续发展乏力。以东北林区为例，黑龙江森工林区长期以木材采伐业作为林业经济发展的主要动力。由于木材生产是传统林业产业的主要组成部分，广大林区的发展对木材生产的依赖性极高。林业是一个特殊的产业，因为木材生长慢，林业产业周期因而较长，大、小兴安岭的主要树种大都需要上百年的生长周期，木材的大量砍伐对当地生态造成了许多不可逆的影响。林业经济可分为三个产业：第一产业是森林直接出产的产品，包括木材、林业种植产品和养殖产品；第二产业是林产品加工业；第三产业是森林旅游、休闲和森林康养等。传统的林业以第一产业为主，第二产业比重较小，而第三产业几乎可以忽略不计。

绿色是大自然植被的颜色，保护好森林生态系统对于维护整个自然生态系统至关重要。森林生态自成一个系统，有其自身的循环模式。要实现绿色

---

① 翟颖.实施天保工程是实现林业可持续发展的必然选择[J].现代园艺，2019（4）：175-176.

发展，利用好自然生产力，森林生态系统就能够发挥巨大作用。保护好森林生态系统，不能过度开采和破坏，同样也不能一味敬而远之，绝不踏足。要实现绿色发展，发挥好自然生产力，森林系统同样能够贡献巨大力量。对于森林生态系统，要实现林业产业化发展，在开发自然生产力的同时，也要通过生态化产业发展来实现森林生态的保护，实现森林生态系统的平衡。

（一）种、养殖业结合形式的林下经济

在新型的林业产业化发展中，森林种植、养殖业具有非常重要的位置。种、养殖业包括植物种植和动物养殖，在森林这个系统中，种、养殖业是衍生物，在维护系统平衡的条件下，开发其潜在的经济价值。森林中本身就会出产一些副产品，但是这些自然生长的产品数量比较少，满足不了市场上的需求。森林种植种类很多，可从长远效益和短期利益两方面来考虑。长远效益就是种植森林之本——树木，经济效益较高的树木，像北方的松树、水曲柳、白桦等，这不仅是当代人能够受益的，还可以造福子孙后代，而森林系统得以维持平衡首先要有丰富的林木资源。短期可实现经济效益的种植物有很多，如适应森林环境的药材、菌类等。养殖业的种类也很多，如鸟类、禽类和畜类等。森林种植业和养殖业的发展要形成产业化。同时，为了实现经济效益最大化，最好建立完整的产业链，从种、养到加工再到销售，形成完整的产业发展链条，并进一步扩大规模，努力实现规模效应，积极加强国际交流与合作。近年来，林业产业逐渐融入时代发展的大潮，传统和电商模式相结合，逐渐走出一条全新的林业产业化道路。

（二）森林旅游

森林旅游是近年来兴起的旅游业形态之一，和乡村生态旅游一样，是久居钢筋水泥建筑的大城市的人们休闲的一个好去处。近年来，森林旅游业在整个旅游行业的投资和创收都在大幅度增长，无论是森林公园的投资建设，还是自然保护区的建设，游客的人次都在持续增长。森林旅游业在取得长足发展之时，也存在不少隐患。节假日森林公园或自然保护区人满为患，人多给环境带来很大不利影响，素质不高的游客会破坏森林环境，同时也存在安全防护隐患，有些损毁是不可逆的。森林旅游的产业化发展未来还会有更广阔的前景，在开发旅游的同时，应开发和保护并举，将两者放在同等重要的位置。

森林康养是近年来我国林业经济发展过程中相对崭新的词汇，简单而言是"森林医疗"，即通过利用自然生态系统起到对人的疗养效果。森林康养兴起于德国，在美国等一些西方发达国家较为流行。森林康养的主要目标是利用现有的森林环境进行规划，将森林规划成一处优美的景观，种植多种观赏植物，使景观具有层次性。同时建设一些疗养需要设施、公寓、康复中心、疗养吧等。森林康养最重要的是产品，林区有丰富的林产品，为来进行康养的人们提供药疗、食疗。目前，我国在很多林区批准康养试点进行试验，很多都是在扶贫地区，不仅拓宽了疗养的途径，也为国家的扶贫开发做出了贡献。森林康养是森林产业转型的一个很好突破口，同时也是生态扶贫的重要路径。

三、绿色发展与林业生态化建设的制度保障

（一）生态补偿政策的建立和完善

生态补偿是解决林业生态问题的重要手段。生态补偿的实质是在整个社会的分配体制改革中，将生态责任和生态利益重新分配。解决我国的生态环境问题，生态补偿机制的建立与完善是一个重要途径。林区生态补偿目前主要通过公益林业补偿解决，它是以保护整个森林生态系统为目标的，是不以收益为目的的"公益事业"。这种不为某种商业利益的公益性事业，只有代表全体人民的政府和整个社会团体才能承担。

生态补偿机制的提出和运用早在20世纪80年代就开始了。改革开放初期，由于资源环境问题日益突出，政府开始尝试运用补偿政策，对资源利用进行有偿使用，这是最初的生态补偿手段，并率先应用在林业生态上。生态补偿政策自提出之日起，其发展过程也经历了许多波折。近年来，随着我国生态发展理念的不断完善，在生态补偿机制上的探索也越来越多。从当前的

完成情况来看，在部分领域生态补偿机制已取得一定成果，但从全社会参与和全行业的角度来看，成效还不明显。因此，未来还要进一步加强生态文明价值，探索更多领域的生态补偿机制建设，将林业与整体生态环境结合起来，推动森林资源与草原、耕地、河流、湖泊等自然资源的一体化生态补偿机制建设，不断提高生态补偿机制的适应性和容错率。

（二）其他重要制度保障

林业生态化建设涉及多个经济领域，其影响也是广泛且深远的，因此，必须要有健全的制度保障，以调和林业生态与其他社会经济领域的矛盾。第一，应进一步完善自然资源产权管理与使用制度，对实施主体功能的定位、国土资源的开发与保护等予以明确的制度指导，防止由于制度空白而导致的林业资源过度开发的情况。第二，建立动态监测及预警制度。由于森林资源分布广袤且地处偏远，因此，很难对其进行实时监控。对此，应探索制度、技术上的结合与进步，充分利用无人机、北斗卫星、5G通信等，实现有效的动态监测及预警。第三，建立完善的责任追究制度。部分生态环境破坏的后果无法短时间内显现，往往具有滞后性，因此，应实行责任终身追究制，严格监督和行政执法，形成全方位、立体化的林业生态环境保护格局。

第三节　林业生态化建设和可持续发展

一、可持续发展概述

（一）可持续发展的基本内涵

可持续发展指既满足当代人发展的需要又不对后代人满足其需要带来危

害。可以看出，人类是需要发展的，但是发展是有限度的。具体内容可以解释为：

首先，人类是需要发展的。突出发展的主题，发展与经济增长有根本区别，发展是集社会、科技、文化、环境等多项因素于一体的完整现象，是人类共同的和普遍的权利，发达国家和发展中国家都享有平等的不容剥夺的发展权利。

其次，发展的可持续性，人类的经济和社会的发展不能超越资源和环境的承载能力。

再次，人与人关系的公平性，当代人在发展与消费时应努力做到使后代人有同样的发展机会，同一代人中一部分人的发展不应当损害另一部分人的利益。

最后，人与自然的协调共生，人类必须建立新的道德观念和价值标准，学会尊重自然、师法自然、保护自然，与之和谐相处。中共提出的科学发展观把社会的全面协调发展和可持续发展结合起来，以经济社会全面协调可持续发展为基本要求，指出要促进人与自然的和谐，实现经济发展和人口、资源、环境相协调，坚持走生产发展、生活富裕、生态良好的文明发展道路，保证一代接一代地永续发展。从忽略环境保护受到自然界惩罚，到最终选择可持续发展，是人类文明进化的一次历史性重大转折。

（二）可持续发展特征及目标

第一，鼓励经济增长。经济发展是可持续发展的手段，也是可持续发展的最主要内容。是指在一定的资源环境基础上使当代人的经济福利不断改善的同时，能保证后代人所得到的经济福利不小于当代人所享受的经济福利。同时，可持续发展不仅仅重视增长数量，更要求改善质量、提高效益、能源节约、改变传统的经济增长方式。

第二，以保护自然为基础，与资源和环境的承载能力相协调。保持生态系统内部生命系统与其环境系统之间的持续转化和再生力，从而保持资源与环境的再生力。

第三，以改善和提高生活质量为目的。贫困与不发达是造成资源与环境破坏的基本原因之一，只有消除贫困，才能有保护和建设环境的能力。因此，任何发展的内涵中都应以改善生活质量，创建平等、自由、教育、人权的社会环境为目标。

以上三大特征可总结为：可持续发展包括生态可持续、经济可持续和社会可持续。它们之间相互关联不可分割。生态持续是基础，经济持续是条件，社会持续是目的。人类共同追求的应该是自然—经济—社会复合系统的持续、健康、稳定的发展。

二、林业生态化建设可持续发展的路径

当前，随着国家可持续发展战略的实施，以六大林业重点工程的全面启动为标志，我国林业进入了一个以可持续发展理论为指导，全面推进跨越式发展的新阶段。但现实恶劣的生态环境已经成为制约我国经济与社会可持续发展的根本性因素之一，社会对生态环境的关注达到了前所未有的程度，改善生态环境日渐成为社会对林业的主导需求。

（一）依靠科技来发展生态林业

依靠科技来发展林业，是解决既要发展经济又要保证资源与环境发展力最有效的办法。不断提高林业建设的科技含量是林业可持续发展的关键。但需要注意以下三点：

第一，建立林业科技创新体制，建立起以企业为主体、以市场为导向、以科技为核心、以效益为目的的林业科技创新体系，以促进林业生产力提高；有人提出了"数字林业"的概念，即利用现代信息科技手段，推动林业经营和管理的精确化、科学化，加快实现林业的现代化。

第二，深化林业科技体制改革，坚持科研成果从实践中来，到实践中去，指导林业的发展，从根本上解决科研与生产建设脱节的问题。要鼓励科技人员通过技术承包、技术转让、技术服务、联合开发、创办经济实体等形式，加快科技成果的转化。

第三，加强基础研究和应用技术研究。一要加强森林生态系统的研究，开展森林生态系统的监测；二要抓好良种壮苗和树种结构调整，充分利用先进的技术，提高良种苗培育水平；三要研究高新技术改造传统的木材加工、制造、利用技术，尽快提升木材工业总体技术水平，增加木材和林产品的经济价值，增强市场竞争力。

（二）优化林业经济结构

调整优化林业经济结构，促进林业产业的发展，是建设生态林业，实现林业可持续发展物质保证。调整生产力布局，淘汰落后产业，改造传统产业，培育新兴产业，推动产业重组，解决林业产业结构不合理的问题。调整林产工业产品结构，大力发展精深加工、发展优势产品，努力开拓木材林产品的新用途，延伸产业链，增加附加值，解决林产品结构不合理和产品缺乏竞争力的问题。

（三）处理好林业的生态效益与经济效益的关系

林业的生态效益是指林业的发展所带来的生态方面的正面影响。林业的生态效益和经济效益有着密切的联系，二者互相依存、互相影响、互相作用。

在忽视生态环境而过度追求经济增长时期，尽管当期的经济增长速度相当快，但后期的经济发展肯定会受到生态环境被严重破坏的巨大报复，使得经济发展停滞不前或萎缩。在既重视经济效益又注重生态效益的时期，不仅当期的经济快速发展，而且后期的经济增长也能保持着良好的增长势头。

（四）完善法律机制，促进生态林业建设和可持续发展

1.强化对林业生态工程建设的重视

在林业生态工程建设过程中，无论是林业部门，还是社会群众，都应该要积极认识林业生态工程建设的重要性和必要性，为林业生态工程建

设提供良好的社会基础。国家可以加强林业生态工程建设意义的宣传和推广，通过电视、报纸、广播等，广泛普及其重要性，提高群众的思想认知，减少破坏森林资源的行为，并且积极引导群众投身到林业生态工程建设过程中。

2.制定和完善生态林工程建设法律法规

俗话说得好，无规矩不成方圆，对于生态林业工程建设工作也是一样，只有制定和完善相关的法律法规，才能为我国现代生态林业工程建设的有序开展、科学开展保驾护航。对此，各地政府要积极结合本地区生态林业工程建设的实际来完善相关的法规制度，这样才能推动本地区生态林业工程发展体系的完善，才能推动生态林业工程的可持续发展。

3.加大林业生态工程建设资金投入力度

林业生产与后期抚育管理都需要足够的资金，如购买林木材料、抚育管理、组建专业化的管理队伍等，都需要资金作为支持。当前林业生态工程建设的资金投入主要源于财政拨款，这些款项将用于林业生态工程建设的各个方面，如林业生产新技术的研发和推广、林业管理队伍的建设等，资金不足是一个十分显著的问题。对此，要积极加强林业生态工程建设过程中的资金投入力度，除了财政拨款的费用之外，还可以积极加强对社会资金的吸引，让更多社会企业、相关机构组织参与到林业生态工程建设过程中来，给予一定的资金、技术或者物资支持，让整个林业生态工程建设过程可以顺利推进，积极宣传和推广各种林业新项目、新技术、新方法。

4.加大宣传教育力度

针对社会公众对生态林业建设缺乏了解的情况，一方面，各地方林业部门需要转变生态林业的宣传工作思路，通过建立生态示范区、拍摄相关纪录片等更加新颖的宣传方式来吸引公众主动了解生态林业建设，使其充分认识到生态林业建设对自身以及整个社会的重要性，从而愿意主动投身于生态林业建设工作中，并配合、支持基层林业工作者的各项工作。[1]另一方面，要大力宣传并且做好普及植树种草、水土保持以及生态农业等科学技术知识的

---

① 霍秋英.浅谈林业工程造林管理的方法与意义[J].种子科技，2019（8）：99.

工作。同时，也要改进林业生态建设项目管理，在保护森林生态环境的前提下，提高地方林业生产单位的自主盈利能力，通过实际数据及切实经济利益来吸引社会资本投资，以缓解生态林业建设所面临的资金压力。

5.创新推广方式

关于林业技术的推广，需要注重其推广模式以及方式的创新，并由此建立推广网络。基层是影响林业技术推广的重难点，因而可以在基层建立合适的网络推广站点，形成区域化的推广体系，保障推广网络的正常运行，促使推广工作有效落实。

林业生态工程建设是基于可持续发展理念所产生的一个战略规划，其目的是通过林业建设改善生态环境，提高人们的生活质量，实现人与自然的和谐发展。当前林业生态工程建设过程中还存在一些问题，因此，要对症下药，加强林业生态工程建设过程中各种问题的解决，不断发展林业。我国的生态林业建设是造福当代、惠及子孙的伟大事业，我们应积极努力地去探索建设我国生态林业的方法策略，以更好地促进林业的可持续发展。

第四节　林业多元化立体生态促进林业产业发展

现阶段，林业经营的指导思想，已经从过去的木材利用，逐渐转变为生态利用。因此，对推动林业产业发展以及资源开发，构建多元化立体生态体系，有着重要的意义。此体系的应用，兼顾了经济和生态以及社会效益，为全新的经营模式。在具体实践中，为促使生态环境体系均衡，要积极应用科学技术，融合现代化经营观念，从实际出发，合理划分空间层次和产业结构等，从各个角度，综合开发和利用林业资源。由单层次利用逐渐转变为多层次利用，形成多元化林业产业，提高森林资源利用率，深度挖掘无形价值，积极扩展林业产业的深度以及广度，提高林业综合利用率，推动林业产业发展。

一、立体生态与林业多元化立体生态的内涵

（一）立体生态

此模式下开展农业生产实践，形成了兼顾农业经济效益和社会效益以及生态效益结构以及功能优化了的农业生态系统。经过实践经验，形成了几类生态模式：①北方四位一体林业生态模式和配套技术；②南方养猪—沼泽—果树生态模式和配套技术；③平原农林牧复合生态模式及其配套技术；④草地生态恢复和持续利用生态模式及其相关技术；⑤生态畜牧业生产模式及其相关技术；⑥生态渔业模式及其相关技术；⑦丘陵山区小河流综合治理模式及其相关技术；⑧设施生态农业发展模式及其相关技术；⑨观光生态农业发展模式及其相关技术。林业多元化立体生态开发，在具体实践中，其主要方式如下：

1.综合利用木材等生物质

贯彻可持续发展理念，开展森林认证工作以及采伐计划的编制等相关工作。通过木材深加工，提高其利用率，增加产品附加值。除此之外，充分利用非木质资源，积极开展木本粮油以及森林食品。

2.多层次利用林业空间

从林业生态系统特点出发，积极发展林下经济，合理利用林地生态环境以及资源，推行种植、养殖等多项目相互结合的复合经营，如森林+药材等，不仅增加了林农收益，而且获得了生态效益。

3.开发利用无形资产

在具体实践中，加大对林业景观价值和生态价值等的深度开发利用，利用无形资源，积极开展生态旅游或者其他项目，使得自然资源和人文风俗有机结合，形成特色产业。

4.积极开展林产品贸易

我国林产品贸易，木质林产品主要包括木家具、纸、纸板、纸制品、胶合板、纤维板等；非木质林产品主要包括水果、坚果、茶等。通过建设林产

品生产线，延长产业链，能够增加人工林产品附加值以及林业经济效益。

（二）林业多元化立体生态

林业多元化立体生态开发，其中林下经济是重点。发展林下经济，主要优势有：①能够提高林地产出率。以维护生态系统为前提，利用林业多层空间各类资源，开拓可开发利用空间，形成多种生产结构，提高林地产出率。②增加林业收益。发展林下经济，能够减少林地经营管理成本，增加林农收入，增加林业收益。③提高林业生态效益。④解决农民就业问题。

案例：广西国有前钦廉林场，城市启动开展林木沼综合开发项目，构建了以林为主、林草结合、草饲牛羊、"三沼"综合利用的林业多元化立体生态模式。在具体实践中，以公司+基地+农户模式，带动分场职工以及周围群众，参与种养。不仅实现了资源高效以及循环利用，而且推动低碳经济发展，使得林下经济产业链条得以扩展。该林场立体生态体系，主要发展模式：①林—草—牧—沼循环发展模式；②林薯发展模式；③林菌发展模式；④林苗发展模式；⑤林禽发展模式。实现了增收，带动着农民就业，推动着林业产业发展。

二、林业多元化立体生态促进林业产业发展的策略

（一）大力培育优质森林资源

从广西林业生态发展的实际情况来说，在具体实践中，积极培育优质森林资源，实施多个造林工程项目，如珠江防护林和沿海防护林等工程。同时推动综合性工程开展，包括"绿满八桂"造林绿化工程和"美丽广西·生态乡村"村屯绿化专项活动、林业"金山银山"工程。除此之外，重点推动森林经营项目发展，通过森林抚育补贴和公益林提质增效以及通道森林景观改造保障项目推进。除此之外，积极构建林业基地，如国家储备林基地，推动树种结构调整。

（二）大力推进林业生态经济发展

在林业产业发展道路上，积极推进林业生态经济发展。当前特色经济林面积已经发展到3000多万亩，如油茶和核桃等。推动人造板产业优化升级；积极开展"三区三园"建设。除此之外，依托森林资源，发展生态旅游。

林业多元化立体生态能够促进林业产业发展。在具体实践的过程中，要大力培育优质森林资源，大力推进林业生态经济发展，推动林下经济发展。其中，发展林下经济是重点。通过采用林间套种、林下套种、林下养殖，开发生态旅游等方式，推动其发展。

（三）推动林下经济发展

1.林业多元化生态开发的方式

（1）对木材等生物质进行综合利用

在坚持森林可持续发展原则下，编制采伐的计划以及开展森林认证等工作；对木材进行深加工，更大力度地提高木材的综合利用水平，促进产品附加价值的大幅度提高；加大对林业非木质资源的利用，大力开发木本粮油和森林食品等。

（2）加大对林业空间的多层次利用

结合林业生态系统的特点，发展林下经济，充分利用林地的生态环境和资源，开展种植养殖等多项目相结合的复合经营。比如，林菌、林药以及林化林草等。①大大地提高了林农的收益，促进了经济效益和生态效益的共同提高。

（3）加大对无形资产的开发利用

加大对林业景观价值、生态价值和文化价值等无形资源的开发利用。比如，生态旅游，将本地的特有的自然资源和人文风俗相结合，大力打造一种景观价值、生态价值和文化价值相结合的特色产业。

2.林业多元立体生态开发的重点是发展林下经济

多年来，对木材等生物质的开发和综合利用已经达到了一定的水平，对

---

① 王贤山.浅析林业造林工程中存在的问题及其改进措施[J].祖国，2019（6）：132-133.

生物质开发和综合利用可以提升的空间有限。近年来，林下经济的发展突飞猛进，是林业经济发展的新的增长点，也是我国林业经济发展方式的必然趋势。

3.发展林下经济的优势

（1）可以有效地提高林地的产出率

林下经济发展在维护生态系统的基础上，可以有效地利用林业多层空间的各种资源，在一定程度上可以有效地开拓林业开发利用的空间，可以使木材的生产结构由单一变为多种，从而有效地促进林地产出率的提升，生产出更加丰富的林产品以满足社会的需求。

（2）可以有效地促进林业收益的提高

林下经济发展可以有效地促进林地收入的增加，在一定程度上减少对林地经营管理的支出，可以有效地促进林农收入的大幅度提高，从而可以促进林业收益的提高，也有效地促进了林户护林和经营积极性的提高。

（3）可以有效地促进林业生态效益的提高

发展林下经济，可以有效地改善林地单一的现状，可以促进生物种类的增加，促进生态多样化的发展。同时，林下经济的发展可以在一定程度上保护和改善生态环境，比如，对于不适合种植单纯的农作物的盐碱地和荒漠地等，可以采用套种的方式，发展多种资源，形成一个良好的综合产业链。

（4）可以有效地解决农民的就业问题，提高农民的收入

林下经济因其具有劳动密集型和可循环的特点，使得其和高新技术等产业有着很大的不同。林下市场的合理运作可以有效地解决剩余劳动力就业的问题，同时林下经济多样化的发展可以促进农民收入的提高。

4.发展林下经济的策略

（1）采用林间套种的方式发展林下经济

林间套种主要是指根据不同的条件将各种类型的树木混合种植，将用材林和经济混交林等相结合，既可以有效促进生态效益的提高，又可以促进林地利用率的提高、林业产出率和林农收入的提高。同时林下间种植一些名贵树种，作为幼苗培育，这样既可以有效地改善林业的生态效益，又可以促进

林农收入的提高。

（2）采用林下套种的方式发展林下经济

在林下种植中药材既可以保护森林生物多样性，又可以全面保护和发展森林药材资源。比如，安徽省旌德县白地镇大力发展林下中药材的种植，林下生态种植中药材的面积三百多亩，带动了一百多户农户参与林下种植上千亩，有很明显的种植效益。

（3）采用林下养殖的方式促进林下经济的发展

森林中良好的生态环境能够为林下养殖的动物提供条件优越的生存环境，同时还能节省动物房舍的搭建成本，而且动物的粪便又可以给树木提供所需的营养，大大地节省了林木培育管理的成本。此外，林农的收入可以大幅度地得到增加。

（4）采用开发生态旅游的方式促进林下经济的发展

可以充分地利用森林的生态景观发展旅游业，同时可以搭配开展一些类似山花欣赏以及果蔬采摘等活动，将丰富的自然资源、自然景观和民俗风情相融合，促进景观价值、生态价值和人文价值的共同实现。比如，旌德县坚持以林业可持续发展为基本原则，建立生态与经济相互协调发展的生态经济体系。立足于该县的实际情况，将该县的实际情况和该县林业的实际情况相结合，因地制宜、统筹规划，充分利用旌德县的自然资源和人文景观，大力发展独具旌德县特色的旅游产业。

第三章　林业发展与生态建设模式

第一节　生态文明建设与林业现代化

近年来，我国现代林业建设面临着巨大的挑战。林业资源对于现代社会而言十分重要，林业对维护生态环境起着不可或缺的作用，既可以保护生物的多样性，又能改善人们的生态环境。许多地方已经进行了许久的现代林业与生态文明的建设，但从总体来说，其效果并不理想。目前，生态文明建设与林业现代化的建设应从以下几个方面着重进行改善。

一、认识生态文明建设与林业现代化的重要性

生态文明的建设就是要求人们在现实生活中，促进社会不断进步的同时，不断优化人与自然之间的关系，以推动人类社会与自然的和谐发展的模式。想要实现这个目标，就要建立相应工程，以促进生态文明的建设。其中，大力发展林业现代化就是促进社会生态文明建设的重要战略之一。林业现代化与生态文明建设存在相应的联系，主要有以下两种体现方式。

（一）发展现代林业是推动生态文明建设的前提

在治理土地荒漠化、风沙化以及水土流失等问题中，需要通过发展林业现代化才能修复生态环境，以实现净化空气，防止土地风沙化、荒漠化，防止水土流失以及美化环境的效果。所以，发展生态环境与环境保护的关键是林业的发展，并且离不开林业相关产业发展的支持。

（二）生态产品是巩固生态文明建设的有效途径

生态产品的生产是建立在现代林业的基础上的，由于产品的生产受到了多种技术方面的制约，所以生态产品存在许多问题，无法满足人们的日常需要。而面对这些问题，相关生态产业应加强生态产品的生产工作，同时也应注重对林业绿化的保护，以加强林业现代化建设，提高生态产品的质量。

二、实现生态文明建设与林业现代化建设的策略

（一）坚持林业科学发展理念

生态文明建设是统筹推进"五位一体"总体布局和协调推进"四个全面"战略布局的重要内容，而森林与生态文明建设密切相关，将生态文明建设与林业发展相联系，是促进生态文明建设的重要方向。坚持林业产业"稳中求进"的发展原则，践行"绿水青山就是金山银山"的基本理念，是助力我国林业产业现代化建设的必要前提。[①]明确林业生态发展的基本原则，扎实推进林业创新、林业持续发展的各项举措，为林业现代化建设、生态文明建设的高水平融合奠定基础，是林业肩负的重要使命。而从二者融合发展的特点来看，要保证各项举措的顺利实施，首先需要厘清二者之间的关系，准确把握林业产业的经济增长与社会生态的平衡点，从而有效协调人与自然、人与社会、生态与发展之间的矛盾。近年来，以破坏生态环境作为代价的经济发展带来的严重后果已经得到了广泛的重视，日常生活中存在的大量砍伐森林的行为也得到了相关法律法规的约束。在厘清环境保护与经济发展之间的关系时，应当深刻意识到生态环境的破坏带来的水土流失、沙尘暴等一系列问题，加强发展观念的转变，缓解当下生态环境面临的严峻形势。在可持续发展体系下，深入贯彻生态发展的理念，遵循"以人为本"的基本理念，是促进二者融合的必要前提。

---

① 何景娇.现代林业发展与生态文明建设简析[J].花卉，2021，（14）：153-154.

（二）创新机制推动生态制度建设

在林业发展的新时期，以往所采取的发展规划与生态建设之间的矛盾逐渐凸显，围绕新的发展要求与理念建立相应的制度，成为林业生态化建设的当务之急。立足于林业发展经验，其可持续发展离不开技术创新的支持，尤其是与生态环境保护以及生态环境、生物多样性修复相关的技术，不仅关系到林业可持续发展战略的推进，还可直接对生态文明建设产生影响。因此，做好技术创新工作，围绕不同技术的创新思路与科技成果转化，建立能够指导林业发展的生态制度，是林业发展的重要方向。而随技术创新一同出现的，还有林业管理方面的变化，与以往的林业管理不同，生态发展理念的引入势必会带来一些观念上的变化，而其管理环境也更加复杂。如果不能根据林业生态建设的需要尽快调整管理手段、管理方案，管理活动中存在的一些弊病将直接制约生态化建设进程，影响到森林保护工作的开展。因此，林业从业者应当在加强技术创新的同时，重视信息化管理、多元化管理手段的优势以及其对林业生态建设的适用性，明确新环境下林业生态制度存在的漏洞，从总体布局的角度考虑林业生态制度更新的突破口，从而以技术、管理方法的创新助推生态制度的建设，为林业的新发展提供指引。

（三）加强森林生态环境修复工程建设

一直以来，在林业现代化建设进程中，生态问题的控制与治理都是一项重要课题，它被许多学者反复研究，其核心就是停止对生态系统的人为干扰，利用生态系统的自我恢复能力，辅以人工措施，使遭到破坏的生态系统逐步恢复或使生态系统向良性循环方向发展。作为推进生态文明建设的重大举措，生态修复现已上升至国家战略工程层面，而加强生态修复带来的积极作用，也让社会各界看到了生态修复的巨大潜能。以秦皇岛滨海景观带为例，该项目是利用雨水的滞蓄过程进行海岸带生态修复的典型工程，以环境友好的抛石护堤取代了水泥放浪堤，发明了一种箱式基础，方便在软质海滩上进行栈道和服务设施的建设，恢复了海滩的潮间带湿地系统，使昔日被破坏的海滩重现生机，同时成为旅游观光点。因此，在林业生态建设中，应当在深刻认识以往区域经济发展带来的一系列生态问题前提下，立足于现有的技术体系，明确经济发展、林业发展与生态修复之间的矛盾点，继而提出科学的修复方案，逐步实现林业与生态协同发展的宏大愿景，最大限度解决现存的生态问题。

（四）落实森林生态保护措施

根据地区产业发展实际，落实森林生态保护措施，对林业的生态发展具有重大意义。结合现有实践经验分析，生态保护工作的规范化开展，对森林、湿地等再生能力相对不足的生态系统稳定性提升可起到一定的积极作用。而生态保护与生态修复类似，需要借助相应技术的创新，来弥补生态保护能力不足等问题。以森林保护为例，从业者不仅需要具备与林业发展相适应的职业素质，掌握林业建设相关的法律法规，还需要学习森林病虫害识别、病虫害防治方法、标本制作、样地调查等一系列基本林业技能。而从整体角度考虑，一个地区的生态保护系统往往具有较高的复杂性，唯有设计者从区域生态保护、林业生态发展的视角入手，结合实地勘察获得的各类信息，明确生态保护的重点，制订全面的保护实施方案，才能为保护工作的开展提供更加合理的指导。

林业发展在我国经济发展中占据重要地位，其对生态环境的积极影响得到了社会的广泛关注。作为从业人员应当正确看待林业生态建设这一艰巨任务，不畏艰难，采取科学举措，大力落实森林生态保护措施，继而全面实现林业现代化建设与生态文明建设的协调发展。

第二节　林业资源管理与生态管理

对林业生态实施科学的建设所涉及的内容较为复杂，实施周期较为漫长，同时还需林政资源的协同配合。当前林业生态与林政资源正面临新的方向和机遇，需合理改善管理的措施和手段，从而不断提升林业的发展质效，对优化林业经济的持续性发展具有明显的推动作用。

一、林业资源管理要点

（一）林地管理

管理人员需在现有林地资源的基础上采取有效的保护措施，充分认识到经济及市场形势变化的客观性，当前多数地区对林地资源的占用量过大，且存在对林地砍伐等情况，因此，管理人员需做好现有资源的管理和维护工作，对非法砍伐行为有效控制，严禁各类未经批准的砍伐行为，从而对现存林业资源进行有效维护，同时结合地方的具体情况扩大造林面积。此外，还需结合当地的林业资源现状设置科学的管理规划，从全局角度设计保护的方案，尽量提升方案内容的可操作性，并通过制订有效的方案来提升林业生态的系统管理，不断优化管理效果，真正发挥监管效力。

（二）林木管理

在生态系统的维护管理工作中，对森林系统的管理也是其中的重要组成元素。森林资源在整个系统中占据核心位置，因此，相关管理部门应加大对林木管理的优化力度，扎实推进林业生态建设向现代化层级发展。管理者需在林业管理方面加大重视力度，充分意识到该项工作在整个林业治理系统中的作用，从而采取更为积极的手段开展具体的治理和防护工作，通过编制方案、革新经营手段，运用行业更为前沿的理念和技术，结合地方的实际发展情况创新发展途径，全面提升林业资源的管理效能。

（三）林权管理

该方面内容的管理还未受到应有的重视，林业管理制度的文明化正是围绕制度改革而形成的，因此，需结合其全局性特征，意识到林业制度的文明性以林权管理为依据。需结合具体的实际情况，以科学的发展观念对林权进行科学规划，进一步明确梳理林地等资源的使用和所属权限，增强各生产要素的配置管理，建立与之相关的服务体系，从而为林业实现科学发展营造理想的环境条件。

二、基于林业生态建设的林业资源管理方法

（一）提高现代管理设备和科学技术的应用

运用行业前沿的技术与设备能够有效改善当前的林业生态条件，促使林政资源的管理工作效果能够得到实质性的提升。因此，管理人员应加大对使用技术及设备的重视，在对林业开展生态建设时，需融入更多的先进技术，从而在实践中切实发挥技术的支持作用。构建林政资源的专业化管理系统，将与资源分布、生态改善等相关的信息在系统中集中体现，从而更为全面、真实地展现林业资源的实际情况，实现对林政资源的系统化与灵活化管理，全面优化工作的实施效果。需对林业资源的相关信息进行互通共享，切实提升信息的准确性和传播与应用的效率。在执法管理工作的落实中，也可适当引入现代化的信息手段和设备，提升人员及设备的配置数量，从而进一步提升执法工作的强度和效力。

（二）优化调整林业管理结构

对林业结构进行调整，可促使生态建设与林政资源管理工作更为有序地开展。应对林业资源的管理权限进行优化设置，进一步提升资源开发与管理的秩序性，降低各类资源破坏行为的发生。在林业管理结构的运行方面也需

强化管理，提升过程操作的规范性。在解决权属的争议问题方面，需对具体的争议点进行系统梳理和研究，结合既定的法规内容进行规范化处理，从而不断加强问题处理的科学性与有效性。应形成更为长远的生态建设思维，在林业生态的管理方面制订长期的发展计划，严禁以短时期内的经济效益为追求目标，应将新时期的新理念和新措施作为指导工作开展的原则与核心，从而在新的实施路径上不断探索与创新。

（三）注重强化技术培训

为了全面提升林业生态建设工作的推进效率，优化林政资源的管理成效，需在技术指导与行业交流方面提高重视程度。[①]应以资源的实际情况为基础，聘请行业专家对一线人员开展讲座或培训等活动，全面分析和改善当前存在于生态建设和资源管理等方面的问题，从而加强管理人员对问题的发现与处理技能。需结合技术培训理论与实践环境，真正将理论层面的知识对应到具体的生态建设工作中。应规划科学的培训计划，严格按照计划推进落实，定期开展相关技能与知识的测评工作，真实了解培训的开展效果，并依据结果不断调整方案内容。需辅助林业建设与管理人员建立相应的责任感，意识到自身工作的意义与价值，从而不断调动自身潜能创造性地完成工作任务，落实各项管理制度，从而推进生态建设的顺利实施。此外，还可在绩效方面建立相应的制度，量化衡量一线人员的工作业绩，从而全面掌握林业生态建设工作的开展实效，并以此作为个人晋升和嘉奖的重要参考。

（四）加大对林业生态建设的宣传力度

应从宣传角度对生态建设与林政资源的管理工作进行有效推广，这样有益于在行业内营造积极的氛围，为有序开展资源管理工作提供客观条件。具体可通过电视、纸媒、网络及客户端等多种渠道开展宣传工作，将生态建设的意义与社会价值在全社会范围推广宣传，不断影响人们形成该方面的理念，并积极将思想意识融入行为当中，从而提升行为的文明程度。加强宣传

---

① 刘小艳.林业资源管理与林业生态建设探究[J].魅力中国，2020（36）：19.

途径的建设还可促使个人形成责任意识，在更为积极的工作氛围下，调动社会力量参与林业生态的建设与维护工作。

第三节　循环经济与林业产业生态化

林业产业生态化不仅有助于生态安全、气候安全、木材安全和能源安全的维护，还能有效促进人与自然的和谐，解决现存的木材供需矛盾，促进能源的发展，减缓全球变暖，此外，还有利于农村社会的稳定与和谐，增加农民的收益。

一、循环经济的特征分析

与传统消耗性经济相比，循环经济更注重自然环境的发展规律，并以此为基础，重复地对各物质能源进行良好运用，达到节约资源的目的，有利于生态环境的可持续性发展。循环经济的最大特点就是它具有生态意义，也可以说它是一种生态经济，遵循可再生、可替代、可恢复、可重建的原则。如果将传统经济产业逐步改造成循环经济，将会在很大程度上降低消耗，减少废弃物的排放量，提高生产效率。

二、基于循环经济林业产业生态化发展的有效措施

（一）林业产业在生产环节上需实现清洁生产

林业产业需从源头上入手，将创新科技合理应用于生产环节中，并对生产工艺整体流程进行简化，减少生产过程中能源和资源的浪费。与此同时，基于循环经济的理念，林业产业需对生产目标进行调整，在具体生产过程中减少废弃物的排放。想要达到清洁生产，就必须以核心科技为基础，才能有

效降低废弃物排放的量、密度、浓度，有效降低对自然环境的破坏。[①]林业产业生态化发展走的是可持续发展道路，具有良好的发展前景，因此，相关的经营管理者和从业人员要清楚地认识到清洁生产的前瞻性和重要性，加大科技和资金的投入，加大研发力度。此外，林业产业相关企业要注重新型人才的引入，建立起生态化企业发展文化，并对生产和销售等各环节中需用到的资源进行循环利用，挖掘其价值。根据经验可知，在林业产业的生产中，运用的许多资源都有着非常高的循环利用价值，而资源的重复利用，也需要企业对科技创新引起重视。

（二）对工作人员需加强资源循环利用的培训和宣传力度

在林业产业相关企业中树立节约资源、循环利用等生产意识。林业产业想要更好地实现生态化，不仅要结合自身发展形势和特点，建立起全面的生产发展体系，还要建立起完善的监管制度，以便对各个部门的工作进行约束和管理，让生态发展理念得到切实贯彻。发展林业产业生态化，不仅要改变发展思路，还要不断拓展其发展业务。这样，就在很大程度上延长了林业资源的生长周期，对自然生态环境的保护有重要作用。对于林业产业相关企业而言，也能获取额外经济收益，让企业能更好发展。

（三）进行林业产业生态化的升级

林业产业进行联动，实现生态化升级，这不仅是林业产业结构的更新，也是林业产业的不断拓展并逐步同其他产业进行融合的一个过程。基于循环经济的林业产业结构将会不断向着创新和先进化方向发展，在这个过程中，林业产业需以节约性、相伴性和持久性为基础，遵循产业结构的变化规律和循环经济的发展原则，不断推进林业产业的升级。以循环经济理论为指导达到林业产业结构发展的高度化，这就需要遵循"有效循环"的原则，该原则属于循环经济应用于实际的重要要求，而循环经济本身就是以林业产业生态经济的建设为中心，从而实现环境与经济的可持续性发

---

① 张峰.基于循环经济的林业产业生态化研究[J].农业与技术，2018，38（8）：206

展。但目前循环经济在实际应用中依旧受到许多管理和技术等方面的制约，而循环经济的实施也仅体现在形式和表面上，并没有将理论切实应用于企业的生产管理中，大力发展优势产业。当前时期，林业产业生态化需结合自身优势资源，并使其得到充分发挥，从而逐渐形成优势产业，对具有竞争优势的产业要有目标、有步骤地进行开展。林业产业结构想要实现优化，就必须重视产业结构的高度化以及合理化，基于循环经济模式下所建立起的新型林业产业结构，其调整过程皆属于动态化，而且循环经济与传统经济在模式运行上也存在矛盾，这就会造成所调整的动态出现对抗和不相符的情况。而调整林业产业结构可能会出现两种情况：高度化下导致的不合理性和低水平上的合理化。

本节对循环经济以及产业生态化发展的理论做了比较详细的分析，并基于循环经济的林业产业生态化发展提出了有效措施。在新时期，林业产业的发展需以循环经济理念为重心，走可持续发展的生态化道路，这也是实现转型的途径，从而确保林业产业实现可持续发展。

第四节　林业信息化与林业生态大数据建设

一、林业信息化建设和林业生态大数据应用的重要性分析

林业信息化建设，简单来说就是指通过先进信息化技术，对数据进行收集和整理，然后再应用云计算等相关技术，将具有一定价值的信息进行识别和提取，进而为林业生态的稳定可持续发展奠定重要基础。

（一）促进林业经济有一个更好的发展

通过林业信息化建设对林业生态大数据进行处理，不仅能够为社会提取

出更多具有价值的有效信息，使得社会群体能够自主积极地参与到林业生态建设中，同时可以不断优化社会资源，促进林业经济有一个很好的发展。

（二）有利于林业生态技术的创新和发展

通过林业信息化建设，能够使林业生态大数据获得更多有意义的数据和信息，同时可以使林业生态有一个现代化管理，为林业生态技术的创新和更好地发展奠定重要基础。

（三）有利于林业生态现代化管理的实现

通过林业信息化建设，将所获得有效信息传递到林业相关管理部门，使各管理部门能够共享信息资源，将信息统一发布，不仅能够丰富资源信息，为林业生产部门和管理部门工作的顺利开展提供重要依据，还可以使林业生态更好地实现现代化管理。

二、林业信息化建设在林业生态大数据应用的问题分析

与生态资源和时间资源相比，林业生态大数据有所不同。而针对如何使林业生态大数据作用得到最大限度发挥，成为现阶段林业所面临的主要问题和探讨话题，对于林业生态的发展有着重要促进作用。

（一）人工处理数据较为消耗时间和精力

在对林业生态数据资源信息进行处理时，所需要的行和列要具有一定的增长特点，但是行和列在不断增长的同时，其数据资源信息也将会呈指数线性增长。例如，在林业生态建设时，通常情况下会把人工林数据信息作为列，而把天然林作为行。随着数据信息量的不断扩大，数据处理的难度也会逐渐增加，所以这就使得在处理过程中所需要的时间和精力也会逐渐增长。

（二）数据信息处理可以提高信息的有效性和准确性

在对数据信息进行处理时，需要在输入、输出或登录、决策等过程中花

费一定时间。例如，在进行拍卖时，需要在决策过程花费一点时间，还要准确获得林地的生长、种类以及环境等各方面数据信息，然后再将这些有效信息进行计算输出，当面对这些数据信息时，往往就会为数据计算带来一定困难。但是，其中一些数据信息不仅能够有效提高信息的有效性和准确性，同时还可以确保计算的精确性。

（三）数据未统一管理对信息读取人员使用不便

从以往传统的林业调查和核查中可以看到，主要是利用GPS和罗盘仪对小班进行勾绘和记录，然后再利用Arcgis软件来进一步填写和勾绘小班信息。在这种调查和核查模式下，不仅很难提高工作质量和效率，同时会导致重复劳动现象的出现。在开展林业执法活动时，在面对一些恶意破坏森林资源、非法破坏林地、占用林地等违法行为时，调查取证成为一个必不可少环节。[①]但是在进行实际调查取证时，却很难做到在不破坏现场环境的基础上进行调查并准确取证。所以，这就很难对森林资源的破坏做出有效判断，这对于林业执法人员的工作质量和效率的提高将有着严重不利影响。

三、林业信息化建设在生态大数据中应用的策略方法分析

（一）加大资金投入和支持林业信息化建设

要提高对林业信息化建设的资金投入和支持力度，并要建立和完善资金投入机制，确保资金投入机制的科学合理性。不仅能够为林业信息化建设提供重要保障，同时可以有效满足林业生态大数据应用的相关要求标准。

（二）注重信息技术的推广并做到合理应用

利用云计算等先进信息技术对林业生态大数据信息进行分析和处理，并将信息化技术贯穿落实到林业信息化建设中的各环节当中。结合林业信息化建设和林业生态发展实际情况，有针对性地建立信息系统，并不断完善，不

---

① 黄鹏成.林业信息化建设对林业生态大数据应用的思考[J].农业技术与装备，2020（3）：116-117.

仅能够为林业生态提供技术支持，同时可以为林业生态的健康持续发展奠定重要基础。

（三）加强林业信息数据库的建立和完善

要想使林业有更好的信息化建设和发展，必须要注重林业信息数据库的建立和完善，通过信息数据库，可以对林业相关数据信息有一个更好的收集和整理，并且要确保每个林区都要有林业信息数据库的建立。包括如森林资源、沙地资源以及湿地资源等基础林业信息数据库，同时包括如基础地理信息和遥感影像数据等公共基础林业信息数据库以及林业生态工程等专题林业信息资源库。通过对信息数据库的分析和管理，促进林业生态大数据有一个更好的发展。

（四）促进林业信息和林业生态大数据处理技能的提高

在日常工作中，多组织一些有关林业数据信息处理专业学习和培训活动的开展，要求每一位林业信息人员都要自主积极地参与到活动当中，使工作人员能够在培训过程中不断地提高自身数据信息技术处理能力，能够熟练掌握和操作信息处理技术，使林业信息化建设的作用价值能够在林业生态大数据应用过程中得以充分体现和发挥。

（五）优化整合现有林业资源数据

积极转变传统林业管理模式和管理理念，采用合理有效的管理方法，提高林业工作管理质量和整体水平，以便更好地服务于社会。例如，在开展林业执法、造林作业计划以及森林资源调查和核查等工作时，可以利用移动终端技术，如在进行外部作业时，可以利用平板电脑进行小班勾绘和填写，在进行内部作业时，可以将数据直接传输到电脑当中，不仅能够提高内部作业工作质量和效率，同时可以有效减少外部作业的工作任务量。将移动终端App安装到平板电脑当中，这样在进行外部作业时，就不用携带GPS、罗盘仪和图纸等相关设备，在外部就可以直接进行勾绘和记录，回到内部后直接向电脑传输数据即可。在确保工作质量和效率的同时，为外部作业带来了极大的便利性。

综上所述，林业信息化建设和林业生态大数据应用技术是如此的重要。不仅能够促进林业经济的发展，同时有助于林业生态现代化管理的实现。针对生态大数据建设应用过程中所存在的问题，要及时采取相关合理有效措施予以解决和完善。加大林业信息化建设资金投入和支持力度，加强信息技术的推广和合理有效应用，同时还要注重林业信息数据库的建立和完善，不断优化和整合林业资源数据，改变以往传统管理模式和管理方法，提高林业工作管理质量和水平，为林业信息化建设和发展奠定重要基础。

第四章　林业生态工程体系与建设管理

第一节　林业生态工程体系

一、城市林业规划的指导思想和原则

城市林业在我国正处在研究探讨阶段，是一个新的研究课题。由于传统观念和管理体制问题，至今还未取得完全一致的认识。在城市林业规划方面更没有可供参考的规程规范。通过这几年的实践探索，我们认为，要搞好城市林业规划必须有明确的指导思想和相应的规划原则。

（一）生态功能优先的指导思想

城市林业兴起、发展，直至形成为一门新的学科理论体系，是伴随着为解决人类社会进入工业化、城市化时代而出现严重的环境质量下降、生态失衡而出现的。目的就是运用城市林业的理论，结合环境状况进行科学的系统整合，合理布局，建立起与城市发展规模相匹配的优质高效的城市林业生态体系，以维持城市生态的动态平衡；在生态功能优先的前提下，要正确协调处理好绿化、美化、香化、净化等问题。由此可见，这是与传统林业、园林绿化规划设计指导思想的立足点的不同之处。

过去，传统林业规划设计的主要指导思想放在营造速生、丰产、优质、高经济效益的林分上，忽视森林生态功能的作用；而园林绿化设计主要的指

导思想放在美学方面，城市植树、种草是美化环境的需要。在城市林业规划中，应摆脱一些传统观念和学派思想的影响，把生态功能优先作为规划的重要指导思想。在规划中要正确处理好传统林业与园林绿化的关系，它们之间不是对立、排斥的关系，而应是在生态学的科学理论指导下的优势重组，是理论和实践的升级换代，要吸收传统林业、园林绿化规划的长处，优势互补，共同努力使城市绿化事业迈向时代的新高度。城市林业是大林业向致力于改善城市环境方面的延伸，又是城市园林事业向更大空间的扩展，是大林业和园林绿化的复合构建。广州市规划局认为广州市城市林业规划是"关于城市园林绿化规划的深化和丰富"。

（二）可持续发展的指导思想

早在1992年联合国在巴西里约热内卢召开的世界环境与发展大会上就指出：环境与发展是当代全球关注的问题。保护生态环境，实现可持续发展，直接关系到人类的命运和地球的前途，影响到每一个国家、民族乃至每一个人。环境与发展是两个互相制约又互相促进的因素，具有良好的自然生态环境是发展经济的基本条件。只有大力改善生态环境才能吸引投资者来发展经济。在经济发展，特别是高速发展时期，人们往往会忽视生态环境的保护，甚至造成破坏，使环境质量下降，失去经济继续发展的客观环境条件。但是，我们可以借助经济发展带来的经济实力，加强生态环境建设的投入，使生态环境建设水平、质量与经济发展的规模相适应，以保障在生态环境方面支持社会经济的可持续发展。

在城市林业规划中对可持续发展的理解有两个方面含义：一是城市林业规划建设的目的是优化生态环境建设，以便建设起结构优化、生长稳定、抗逆性强、生态功能显著的城市森林生态体系，以确保和支撑城市社会经济的可持续发展；二是在我们进行城市规划构思时，应立足于规划建设的城市林业生态体系本身也应具有可持续发展的能力，也即是说所营造的森林植物群落应具有较强的天然更新能力，使生态体系的稳定性提高，达到生态功能持续稳定地发挥的目的。因此，在设计营造什么样的林分、选择什么样的绿化树种及组合时，必须充分考虑其生态区系条件特点，遵循自然规律，自然属性，使所营造的森林、树木、植物形成与自然地理条件相适应的、生长良好而稳定的森林植物生态系统。

（三）整体优化的原则

城市林业规划是对城市区域全覆盖的，在市域内的森林植物生态体系是由反映城市各种需要，功能各异，结构不同的子系统集合，在规划时必须根据差异协同的原则对各子系统进行优化整合，使其在支撑城市可持续发展的共同目标下，形成方向一致的综合效应，发挥最佳的生态功能和作用。整体优化的原则就是要对构成城市林业生态体系的各子系统进行统一的规划，全面综合考虑，优化系统结构，优化系统内部结构，构筑起与城市自然环境条件、规模和发展目标协调一致，具有自身特色的良好的生态大环境。此外，还需注意与城市所在区域生态环境规划协调衔接。

（四）长远目标与近期目标结合的原则

城市生态环境的优化建设是一项建设期长而又复杂的生态系统工程，在规划时必须有超前意识，立足于长远，高标准、高起点地进行规划。由于我国经济长期处于不发达状态，以及园林、林业条块分割的建设管理体制，各自的建设目标，经营方针截然不同。

例如：传统林业的经营方针以追求经济利益为主，因而把城市周边生态功能良好的自然森林，大多砍伐殆尽，而改为营造用材林或果树，经过劈山、炼山、全垦等处理后，使大部分森林原有的自然物种丧失，营造出来的几乎清一色的纯林，树种单一，景观单调，结构简单，造成森林的抗逆性弱，火险等级飙升，综合生态功能大为削弱，使城市失去了良好森林生态的依托。破坏容易，建设难，自然森林是经过长时期的自然选择和自我调整而形成的，要恢复这样的森林难度很大，若要对这类由于人为破坏而造成自然植被严重衰退的地类，在没有人为干预的情况下，让其自然演替恢复原貌需要几十乃至上百年的时间。

但是，社会的需求是不能等待的，我们只能发挥人的聪明才智，用人工的办法，促进现有纯林向反映生物多样性方向演替，加速生态功能优良的森林的恢复。合理地规划城市森林覆盖率、城区绿地率、绿化覆盖率、人均公共绿地等，是我们在城市林业规划生态林建设时应追求的长远目标。近期目标应根据规划对象的现实需要与可能，以及财政能力来确定近期可以做到的重点工程建设目标。一些工程量大，建设期长的项目，如比较普遍遇到且基础薄弱的森林生态景观改造问题，通常任务较重，需要一个较长的时间分期分批改造，而且树木的生长需10年才能初见成效，就必须早起步，以便积累经验，树立样板，推进建设速度。像这样的项目也必须根据可能做到的情况，确定近期目标，使长期目标与短期目标很好地结合起来。

（五）因城制宜，建设有地方特色的原则

在城市林业规划中虽然都是以城市林业的科学理论和原则为指导，但城市有大小，经济发展水平有高低，气候条件有差异，地理环境有差别。在规划中必须对规划对象进行深入的研究分析，抓住城市的特点和城市发展的方向目标，构思城市林业生态体系的框架、结构、布局、内容，切忌贪大求全、模仿移植，只有这样，才能建设起与城市特点相匹配的有自然风格特色的城市林业生态体系。

（六）以人为本，生态、绿化、美化相结合的原则

以人为本是城市林业规划建设的重要原则，改善生态环境，提高环境质量的目的是使人生活得舒适和健康。随着人们生活水平的提高，对环境质量需求不单是满目苍翠、空气清新，而且需要美感。虽然人的审美观点各有不同，没有绝对美的标准，但相对的标准是存在的。在城市林业规划中，我们提出生态功能优先，并不等于忽视美化，只是强调过去被忽视的东西，让绿色植物对人生活息息相关的重要功能重新得到重视，在这样的基础上更好地解决三者之间的结合问题，充分运用美学观点，用森林植物把城市环境装点得更美丽。我国传统的园林学有着悠久的历史、完善的理论体系、美学内

涵和丰富的造园手法，在城市林业规划中要认真吸取其精华，继承、发展和提高，不但要搞好城内的园林绿化，而且要推广到城外，在城外更广泛的空间范围内应用，使城市林业生态体系体现生态功能与绿化美化功能完美地结合，满足市民的需求。

（七）科学性与可操作性结合的原则

由于城市林业是一项中长期的规划，主要任务是运用科学理论解决项目的建设方针、方向、目标、框架结构、布局内容等原则问题，不可能都做得过细，但为了提高其可操作性，对于部分重点的近期项目应做到满足立项报告和初步设计方案要求的深度，提高规划的可操作性。

二、城市林业规划的条件和目标

（一）城市林业规划的条件

进行城市林业规划必须具备必要的基本条件。

首先是领导要有较强的生态意识和对城市林业的理解和接受。生态是近代引起世界各国普遍重视的问题，特别在经济发达的国家，已普遍认识到没有良好的生态环境，将严重阻碍人类社会的发展，因而在生态环境建设方面舍得投入。鉴于我国的国情，要推动一项事业的发展，领导的重视和支持是十分重要的，而重视的动力来自于意识，意识来自于理解。城市林业毕竟是一门新的学科，如果对城市林业的概念、功能和作用都不了解，意识是无从谈起的。因此，领导层对城市林业的理解和认识是开展城市林业规划的重要条件，只要领导理解和重视了，其他的障碍就容易解决了。

其次要有一定的经济实力。经济实力是市民生活水平的反映，市民生活水平提高了，对环境质量要求必然提高，市民的共同愿望又会成为促进生态环境建设的动力。同时，城市林业毕竟是一项庞大的生态系统工程，需要有一定财政能力的支持，才能使规划得到实施。

（二）城市林业规划的目标

城市林业规划的总体目标是从建立起与城市发展规模相适应的，可支撑城市可持续发展的生态大环境出发，调整森林的林种结构布局，提高森林的生态质量和功能，使森林在城市林业生态体系中发挥主导作用；协调其他绿化系统的建设规模，合理布局，提高生态功能和绿化美化效果，使之形成大方向目标一致，结构合理，景观优美自然，与自然环境条件相适应，生长稳定的城市森林植物生态体系，从而达到整体优化城市生态大环境的目的。

具体目标的制定，一方面要以国家现行的法规条例为依据，如《中华人民共和国森林法》《城市绿化条例》等；二是要与城市总体发展规划协调衔接；三是区域性生态环境的规划目的；四是城市生态环境现状。通过对上述几方面的分析比较才能制定既具有超前性、科学性而又切合实际，只要措施得力和坚持努力就可以实现的目标。

三、城市林业规划的组织领导

在我国现行管理体制下，城市林业是跨部门并与多个部门有关联的。根据我们的实践体会，成立城市林业规划领导组，具体领导规划工作的开展，对搞好规划十分重要。规划领导组应由市政府领导任组长，与城市林业关系密切的林业、园林、规划部门领导任副组长。规划组成员应由规划局、国土局、水利局、交通局、建设局、环境保护总局、财政局、农业局、旅游局（公司）等单位领导参加组成。规划领导组下设办公室（可设在市绿委办或林业局），由副组长兼办公室主任，负责处理规划工作的日常事务。规划领导组是一临时性机构，规划工作结束也就自动解散了。其主要的职能与作用如下：

领导和决策作用：领导组对规划实行全过程的领导、检查，对规划中的重要问题如规划期、规划目标、规模、重大措施等作出决策。

宣传教育作用：结合城市林业规划工作的开展，宣传优化生态环境建设的必要性、重要性，提高社会各界和各阶层市民的生态意识，爱护生态设施。宣传推介城市林业，提高对城市林业科学性、重要性、功能和作用的理解和认识。城市林业是随着工业化、城市时代的到来而产生的一门新的学科，对于我国来说还是件新鲜事物，还未取得普遍的共识和接受，加强城市林业的科普宣传就显得更为重要。领导组既是规划的领导者，又是城市林业的推广者。要向群众进行宣传教育，必须首先提高领导者的认识水平，摆脱传统观念和传统管理体制思路的束缚，真正理解和认识城市林业科学理论的先进性，是改善、提高城市生态环境建设质量的正确发展方向；认识到我国现行的条块分划，分散管理，各自为政（林业、园林、公路）的建设管理体制，难以形成方向一致的生态综合效应，难以适应工业化、城市化社会对生态环境质量的要求。领导者是建设的决策者，先进科技的推广者，必须先知先觉，才能宣传教育群众，才能形成共识，有了上下左右一致的共识才能推动城市林业的建设发展。

协调作用：城市林业跨多个管理部门，领导组在规划过程中的协调作用对搞好规划十分重要。在城市林业规划中不但要有林业、园林、公路绿化部门积极参与配合，提供现状资料、发展规划等，而且要与规划局、国土局、农业局、旅游局（公司）等协调相关的规划，避免矛盾冲撞。这些工作都必须由规划领导组进行协调，取得共识与支持。

四、城市林业规划技术队伍的组织

城市林业是一门跨多个学科和管理部门的生态环境学科，城市林业规划是一项规模大的生态环境系统工程规划，与道路系统、供排水系统等规划一样，是城市总体规划的重要组成部分。一份科学又切合实际的城市林业规划，对于优化城市的生态环境，改善城市环境素质、丰富城市自然景观、维护生态平衡，开拓、发展市民的文化福利事业，丰富城市绿色食品供应，支持城市社会经济可持续发展等，均具有重要而深远的影响和作用。为保证城市林业规划的质量，承担规划任务的单位专业技术力量必须配套，规划技术队伍需由具有以下专业知识的人员组成：森林生态学、生态经济学、自然地理、地质土壤、森林植物分类、造林、园林绿化、环境保护、大气环境监测、森林旅游、城市规划等，并配备电脑操作员。规划任务应由具有国家认可资质核发乙级以上勘察设计资格证书的相关专业设计单位承担。若具有上述技术人员的，也可在聘请具有上述资质的勘察设计单位派出专家指导下，组织规划设计组进行规划，并由指导单位对规划成果进行审查定稿。

五、城市林业规划的工作方法

城市林业规划的工作方法主要是充分收集现有相关资料，在认真研究分析的基础上，制订补充调查、专题调查计划，并按计划进行实地调查或核查（核查现有资料的可靠性）；在充分了解城市的自然环境、社会经济、发展规划和森林、绿化现状情况下，运用城市林业科学理论观点，对现状进行分析诊断，找出优势和存在问题，提出能反映该城市特点的城市林业生态体系架构模式与内容，进行规划设计。

（一）现有资料的收集、分析与应用

基础资料：城市总体规划、国土利用规划；近期森林资源调查报告及森林分布图；园林绿化情况统计表、园林绿化现状图；绿化达标自查及验收报告；市上年度社会经济情况年报；市环保监测报告；最新版市行政区划图（挂图）及万分之一地形图等。收集后进行分析研究，主要看有关资料有无矛盾或不统一，以及完整性、可靠程度等情况，以备作出核查或补充调查计划。相关部门的规划设计资料：林业发展规划，城市绿地系统规划，园林绿化规划，道路绿化规划，旅游规划，农田保护规划等。

（二）开展城市林业森林资源调查

在对收集到的基础资料及相关规划资料进行认真阅读、研究、分析之后，确定资料的可信度和可利用程度。根据我们的经验，工业厂区和城市乡村绿化现状资料一般比较薄弱或不完整，也发现个别城市园林绿化现状的统计资料有互相矛盾和不一致的地方。我们应根据现有资料的分析结果，结合规划需要制定的调查方案，以便进行外业调查工作。调查结束后，要编写出专题调查报告，其调查结论是城市林业规划的重要依据，附件（论证材料）

的重要组成部分。

（三）规划目标的确定与分解

城市林业规划建设目标的确定，应以城市问题和城市森林景观与生态环境为导向，在城市林业森林资源调查的基础上，分析城市林业所存在的问题和城市社会发展与人民的需求，找出需求与现状的差距及原因，通过一系列计算和论证，确定城市林业今后的发展方向和目标。为使目标得以实现，应把目标分解到城市林业的各个子系统。各个子系统的规划建设，是在分解目标的具体要求前提下，进一步落实各个子系统的规划建设框架、布局和原则。这样城市林业整体功能就会更全、更强、更具针对性和可操作性。

（四）编写规划大纲和编制规划图纸文件

经过对现有资料的研究分析、补充调查、专题调查，了解城市的自然地理条件，经济发展规划，市民对生态环境的需求，城市现有林业及绿化现状，根据规划的指导思想、原则，构思能反映该城市特点和需求的城市林业体系框架结构和组成内容，编制规划大纲（或称规划文本、原则方案）。大纲是规划的纲要性文本，是展开规划的依据。要求做到内容全面，规划的目标、方向、指标明确，文字简练。规划大纲（初稿）形成后，先送至领导组进行审查，然后根据领导组审议的意见进行修改、补充、定稿。规划大纲主要内容应包括：城市林业兴起和发展的背景；城市林业的概念、功能；进行城市林业规划建设的必要性；规划的指导思想和原则；规划的依据；城市林业的总体框架；城市林业体系子系统的构成及各子系统的现状，规划目标，规划内容和措施等。根据领导小组审批的规划大纲，编写规划说明书，以便把规划大纲充实和具体化；编制城市林业规划总图和专题图；编写论证材料和专题调查研究报告。

六、城市林业的体系结构

由于国情及城市自然地理条件、规模、经济实力、工业化城市化水平等诸方面的不同，城市林业的模式结构应是多种多样的。在我国规划建设城市林业不能照搬外国的模式，应根据我们的国情市情，建设有中国特色的城市林业。我国城市的发展也打破了过去围绕原有的中心城区环状扩展、城乡界限分明的模式，而是走乡村城市化或城乡一体化的发展之路，避免了人口高度地向中心区集中，体现了中国城市发展的特点。根据我国城市的特点和发展方向，为体现城市林业体系的主要功能作用和便于建设管理，在规划中，城市林业体系的结构、模式，应按侧重功能划分为若干个子系统，以组成统一的、与城市发展规模相匹配的城市生态建设系统工程。城市林业体系主要分为功能性子系统、支持性子系统和效益评估子系统。

七、明确林业管理机构的职责

政府对林业的干预总是要通过其代理机构来完成，林业管理部门就是政府实施干预林业的代理人。作为政府干预的代理人，是多方利益的代表者，其政策对象及其作用点是针对从事林业经营活动以及与此相关的所有集团，林业主管部门在林业发展中具有管理、监督和服务的职能。

（一）管理、监督和服务职能

1.林业主管部门的管理与协调职能

林业主管部门有责任向政府提出有关林业特殊问题的研究对策、建议，使政府在制定各项经济政策中统筹考虑林业问题，增加解决问题的实效；政府通过制定林业发展战略、方针及产业政策，规划调整林业产业布局，引导林业发展方向；并通过税收、信贷、利率等经济政策手段，减轻林农负担，促进林产品走向市场，促进各种资源合理利用，推动林业活动开展。如促进林业与农业、矿业、牧业、水利，以及工业等部门的信息通报、政策协调等。加强林业宏观调控与行业管理，建立有利于林业经济有序运行，林业健康发展的宏观调控体系。

2.林业主管部门的监督与执行职能

林业主管部门是对林业实施激励、调节措施的执行者，如有关补偿费用的发放、验收等；也是国家政策、法规实施的监督者，监督国家各项政策法规在林业部门的落实情况，并汇集、反馈情况。

3.林业主管部门的主要职能是提供服务

首先，是培育完善市场体系，提供市场服务。市场是林农实现劳动成果的中介与桥梁，而对市场的把握林农却无能为力。政府则可以遵循市场规律，依据国家总体规划和布局，有意识地扶植、培育市场体系，管理、监督市场，为林农提供市场信息，通过经济政策调节市场主体的行为，建立市场秩序，从而帮助林农实现劳动成果的价值，为社会林业创造一个良好的市场环境。

其次，政府应该是林业建设的服务者，具体而言应主要体现在三个方面：为林业建设提供政策支持，做出与林业建设相适应的种种举措，营造适合于林业发展要求的经济环境（如土地使用权流转制度的建立，农村社会保障制度的建立和完善，资本、生产资料、劳动力等要素市场的建立等）；特别是建立和完善林业的保障体系；为林业建设提供良好的基础条件（如交通、能源、通信、大型水利设施等方面的建设，缓解林业建设的瓶颈制约）；为林业建设创造良好的社会环境（如发展教育，提高人口素质，保障社会治安等方面）。总之，政府的基本作用是为林业经营提供服务，以便使公司（中介机构）和林农在生产、运输、交易等各个环节上最有效地降低成本。这样，在林业建设的实施过程中，由于政府工作由前台转移到后台，由直接经营和组织转变为服务，从而使自己能够超脱一些，集中力量解决林业建设中的一些深层次问题，集中资金解决制约地区经济发展中的一些瓶颈问题。

最后，要积极为林农提供更加到位和有效的服务。一要提供技术服务。要针对造林树种单一，林地单位面积效益较低的问题，以市场为导向，引种发展高产高效经济林，并帮助林农掌握其生长条件、生长规律、培育措施。二要提供便捷服务。对直接面对群众的窗口单位，要加大管理力度，继续推进效能建设和文明窗口建设，大力抓好各项规章制度落实，提高服务水平和服务质量。三是深入开展"当公仆、办实事"活动，建立领导分片挂点企业制度，为企业改革与发展出点子，想办法，解决实际的困难和问题。开展"一帮一，结对子，送温暖"活动，帮助困难职工解决燃眉之急，扶持困难职工走出困境，共同致富。

通过这一体系，可以使农民了解市场变化的规律，摸清市场行情；通过这一体系，可以让农民懂得政府的各项政策，从而在政策允许的范围内从事林业活动。总之，通过服务体系，能帮助农民更好地从事林业生产。

4.国有林的管理

对于国有林的管理要与上述林业管理职能分开。林业管理部门不仅是国有林的代理人，而且也是政府对林业实施干预的代理人。国有林应由专门机构管理。我国国有林一直担负着为经济建设提供用材、培育后备资源、改善生态环境等重要任务，即经济目标和社会目标是并重的，有些时候经济目标更重于社会目标。多年来，政府用命令与控制的方式，支配着大量森林资产，要求国有林为多种目标服务。

政府对林业的一些经济支持战略、经济管制手段缺乏针对性，作用对象不明，其结果导致：一方面一些经营单位负担重、责任不明、受制过多、缺乏灵活性，因而呼吁国家要给予更多的优惠政策；另一方面一些单位又长期处于政策庇护之下，缺乏创造性和竞争力，造成资源浪费。同时政府代理人事无巨细，其结果使财政负担增加，对林业的调控成本增大。林业分类经营改革为解决这些问题奠定了良好的基础，其首要任务便是要将国有林中完成不同目标任务的部分加以区分，明确不同单位的首要目标和责任，或者明确不同目标的优先次序，采取不同的管理方式。根据这种思想，国有林可以分为两个基本部分：

为经济目标服务的部分，主要提供木材及其他林产品或服务。这一部分将在生态限制下将经济效率目标放在第一位，其内容是那些经营者较容易通过市场实现其利益的项目，这些项目的发展将逐步脱离政府职能部门的直接命令，主要依靠市场力量来决定资源配置。承担这些项目的经营者要有明确的目标和责任，要给予这些经营者以充分的自主权，经营形式可以是多种多样的，如国家独资股份制改造、承包、租赁，以及拍卖使用权等方式。要按现代企业制度重组林业企业，将其推向市场，与其他企业展开比较充分的竞争。

作为政策工具的部分，主要负责公共品生产以及研究项目。它包括以下三个部分：一是提供公共物品的部分。如各种类型的防护林工程、自然保护区等，由国家根据条件，保障必需水平的供给。二是提供研究发展的部分。如林业教育、科研、信息服务等，由国家给予资助。三是提供木材供需调节阀部分。划出一定数量的生产性森林资源，严格掌握其生产水平，在市场供求波动较大时，增大或减少木材供应量。由于受到生产管制而带来的损失应给予补偿。作为政策工具的部分要以非经济目标为先，主要由财政支持，并利用各种微观财政政策进行调节。这部分资源配置要求建立符合公众利益的公共决策程序进行监督。将国有林的两大基本目标分开进行管理，当前首要的任务就是引入市场机制，使承担经济目标任务的经营单位参与市场竞争，讲求经济效率。

5.国有林业资产管理内容

任免法人代表。任命后由法人代表全权经营企业。法人代表必须是具有资格的企业家。只要企业赢利，政府无权随意撤换法人代表，只可接受法人代表辞职。如果企业出现亏损，或法人代表违法，根据监事会的评价，决定法人代表的连任或免职。

任命由反映公众利益的社会各方代表（政府官员、工会代表、专家学者等）组成的监事会执行。

仲裁法人代表与监事会之间的矛盾。这里有一个十分重要的干部制度问题。中央和地方党委的组织部应该参加政府国有资产管理机构。

应该强调指出，随着政企分开的经济管理体制的改革，党的干部制度也就随之改革。企业法人代表应享有其企业规模和经营状况相应的物质利益，而同时一旦因经营不善而被免职，就失去其相应的法定企业家资格，不得"移窝任用"。如果企业破产，法人代表就应该一抹到底，取消干部，并承担终身赔偿责任。没有这样的干部制度改革，即使政企分离，法人代表没有相应的鼓励机制和制约机制，也难使企业充满活力，也不一定能确保国有资产保值而不流失。

（二）宏观导向功能

1.组织机构的设置

国家通过地方政府和林业主管部门对林业的宏观调控，也就是林业既是全国的和地方的政府组织社会经济活动的一个组成部分，又是林业部门职能的一个部分。为适应前者的需要，全国和各省（市）县都设有绿化委员会，其办公室设在当地林业主管部门，以便协调社会各方和全民参与社会林业活动，为适应后者的需要，各地有林业主管部门和它的派出机构，如林业站、林业技术推广站等，具体指导各类林业的规划，进行森林资源清查和资源档案管理，监督执行采伐限额，提供林产品市场信息等。这些森林的社会生态功能要求林业必须有代表大区域、大范围利益的林业主管部门来协调。

2.发展规划

政府应为林业改革提出正确的目标，制定可行的蓝图，并组织实施。当前，我国正处于计划经济体制向社会主义市场经济体制转型期，国家的计划程序，财政、金融、税收制度都在发生巨大的变革。根据新制度的要求，林业主管部门应按照国家总体改革思路，清除各种障碍，创造良好的思想，使之在经济、社会、法律条件方面发挥作用。

从全国宏观考虑提出造林绿化建设重点是：建设速生、丰产用材林基地，加快五大防护林体系建设，因地制宜地积极发展经济林、薪炭林和特用林，大力开展全民义务植树活动和部门造林。各省自治区根据本地情况规划限期消灭荒山绿化国土的目标。从微观看，各类林业要根据本地情况，以当地社会、生态、经济的发展对林业的要求，制定林业规划设计，并与大区域和宏观的林业规划接轨，一方面使局部森林效益能增强大范围的森林生态的、社会的功能，另一方面使局部林业有大范围、大区域的林业作后盾。林业规划要纳入当地社会经济发展规划，以便更多地吸收当地居民参与林业活动，当地居民也能更多地享受到林业的多种效益。如乡村林业与乡村开发规划相结合，城市林业与城建规划相结合，矿区林业与矿区建设规划相结合。

3.政策导向

制定全国林业发展的目标、方向以及相应的政策。目标是林业政策的基础，是政策期望获得的结果，一些政策的失败往往就在于目标模糊，甚至毫无目标，或者目标之间相互冲突。国家林业政策的长远目标是促进林业的增长与发展。为达到这个目标，需要改善整个国家森林资源的保护、管理、经营与利用，促使其增长和多样化，维护自然生态平衡，实现多向利用。政府林业管理的目的是为社会生产最大的净效益，因此，政府的林业机构应从社会利益出发，在明确长远目标、近期目标，以及确定目标的优先顺序方面发挥主导作用。

国家制定政策法规支持发展林业、保护林业。如我国有《森林法》《水土保持法》等，林业部门和地方还有绿化法规、规定、办法等。为鼓励并支持发展林业，划定宜林荒山、荒地、荒滩供造林，土地所有权不变，所造林木由造林者所有；允许林业单位发展多种经营，所得收益归生产经营者所有；保护林木，限额采伐森林，明确规定奖惩办法，保持林业持续发展。国家关于开展全民义务植树运动的决定，组织广大农民劳动投入。

4.从教育和科技方面支持林业的发展

为提高林业的管理水平，林业主管部门协同地方和社区组织各类培训班，使参与林业活动的人员掌握一定的技术管理水平，参与社会林业规划，并有效地组织实施。林业是多学科的事业，包括生态的、技术的、社会的和经济的，需要多学科协同进行，林业主管部门派出林业工作站工作人员指导发展林业，他们不仅是技术指导，还需要掌握社会学知识，了解社区对林业的需求，需要掌握经济学知识，了解林产品市场。这样使林业站成为乡村社会化服务体系中的一个重要组成部分。

（三）建立和健全各项经营制度

推动林业发展，关键是要根据林业生产的需要来充实内容，要靠建立和健全各项制度来促进落实，要创造一个良好的社会环境，提供多功能的服务作保证。要建立和健全各项林业经营制度。

首先，要因地制宜订立责任状，做到多样化。不能一刀切，而应根据各单位的具体特点，按地区的不同情况，分别不同内容，采取不同形式，这样才有权威性。由于只讲造林忽视了管林，只造单一的用材林，长短结合不好，造林无法养林，林业经济效益低，阻碍了林业生产的发展。这就是领导林业上责任单一的局限性。要把当年要达到的人工造林、四旁植树、封山育林、中幼林抚育和限额采伐、森林防火、病虫害防治、纠纷调处以及发展庭院林业、林业科技示范户等具体指标分担到各级领导干部肩上。签订责任状，分类建立责任状，具有较强的针对性，指导作用大，推得动，上得去。其次，要经常检查责任状的落实情况，坚持制度化。一是建立百分考核制；二是定期检查制，随机抽查；三是群众评议制；四是林业功绩登记表彰制；五是奖罚制。最后，要做好各项服务工作，实行系列化。为立状者创造一个良好的社会环境。要积极主动地为下级解决具体问题提供多种服务。既"包"又"保"。一是提供种苗、技术服务；二是资金服务，如开发性贷款集资、入股联营等办法；三是法律服务；四是物质服务。

八、林业管理机构的工作重点

社会主义市场经济条件下，林业管理机构的工作重点表现在以下几个方面：

（一）促进竞争

在林业中，凡能够通过市场提供的产品或服务都尽量通过市场提供，允许竞争，这是市场经济体制的客观要求。但我们也应认识到，政府促进竞争的具体目标不是要使林业生产处于完全自由竞争状态。完全自由竞争模式只是一种理想状态，是不现实的，同时过度的竞争有可能导致森林资源的破坏。因而，政府可以在维护适当的竞争秩序方面发挥作用，限制企业操纵价格的能力和用非经济手段排挤对手的能力。在当前，具体应在以下方面采取措施：

在集体林区，应促进林农之间或林农与其他经济形式的联合，以加强林农的经济力量。例如：发展林农股份合作经济，组建产前、产中、产后互助协会，促进贸工林一体化等。

取消或逐步取消政府对进入木材市场以及木材跨区域流通的行政限制，使企业不得依靠非经济手段去压制对手，减少政策保护下的低效率行为。

促进市场经济体制改革，建立现代企业制度，将非商品经济活动从生产组织中剔除出去，使木材生产者成为独立经济实体。

公平税赋，使从事木材生产的经营者都处于相同的竞争地位。

允许土地及林木产权的交易，推动自然资源价格的理顺和可交易的环境资源产权（如排污权）市场的建立，通过市场力量改变森林资源的配置状况；鼓励盘活土地资产，扩大土地有偿使用范围。

发展信息服务业，帮助林业经营者了解市场行情，增强市场风险意识。与此同时，应加强市场体系建设，创建公平有序的交易环境，必须抓好市场体系建设，包括各级市场设施、组织、法规、信息和风险防范体系等五大体系和管理制度的建设。

市场体系建设一个基本原则是：必须使市场具有最大的开发性，市场行为的规范性，竞争的平等性，运行的有序性。为此，作为当务之急，应当支持发展林农联合自助组织、专业协会、中介组织。城乡的林产品零售商贩也应当组织化，并加强对他们的管理和监督。要制定林产品批发市场管理法、集贸市场管理法、公平交易法、反垄断法、林农和林农团体进入市场交易法等。要加强制定统一的市场管理制度、商品销售规程，健全和完善各类商品分级体系，颁布林产品加工、包装规格和贮运、集散流程条例。要健全和完善市场信息网络，各大市场联网运作，及时发布和快速传递信息，特别需要做好对林农和林农团体的信息服务，让他们及时知道市场供求状况和价格波动动态。要制定促进发展地区商品交换和要素流转的有效政策，禁止地区设立内部关卡和地区封锁，以加速全国社会主义统一市场的形成。

（二）完善和稳定对林业的经济扶持体系

在市场经济条件下，继续对林业实行保护和支持政策，其目的在于：第一，是使林业的外部正效应得到有效的补偿，使林业中的必要投入能够回收，生产者能获得正常利润，以鼓励林业生产水平尽早达到社会所需水平，当然这种补偿绝不应该成为对无效率或低效率的保护。第二，由于各种原因，许多林业企业正面临资源劣化，比较优势丧失的困境，政府应帮助这些企业摆脱危机，恢复竞争活力。第三，由于经济的发展，客观上造成大量林地转向非林用途或生产性林地向保护性林地转移。为保证林业的持续发展，政府应采取措施，阻止森林面积减少，或保证生产者损失得到补偿。第四，在环境脆弱环节，政府有必要出面干涉，减少竞争强度。出于这些目的而采取的保护、支持手段有：

1.允许合法垄断

授予专利权，以促进技术革新，保证技术革新投入得到补偿。在某些领域授予进入特许权，以减少竞争者的数量，保护进入者的收益。进入特许权应正确地加以利用，在那些过度竞争容易造成经济损失的领域，才有必要对进入者数量加以限制。同时，对进入者要进行经济管制，资格审查，并造成潜在竞争压力。比如，对珍贵树种的经营，对森林旅游区的开发，需考虑使用特许权。特许权的运用是应该有所制约的，滥用特许权也会造成不利于竞争的局面。

2.对于林业生产者给予合理补助

实行补助政策的主要依据在于林业生产存在大量外部正效应。补助方式多种多样：

（1）直接补助

对于从事森林营造业的生产者继续提供长期、低息贷款；对个人和企业向林业进行的投资实行减税政策（如：投资方向调节税的零税率，退还部分所得税等）；对林业企业实行特别财务及会计制度，保证营林投资的及时到位；对林业收益实行特别税收条款，鼓励超长期投资活动；向林农、林业企业提供种苗、肥料、技术援助。

（2）间接补助

政府对林业研究、林业教育进行资助；由政府提供免费信息服务，免费教育，以提高林业劳动力素质；政府提供道路、森林灾害防御系统、林木改良等。应当注意研究确定恰当的补助水平及范围，对那些能通过改善市场结构，形成合理价格的产品，就不应继续长期给予补助。林业补助的结果是保证达到经济基础上合理的资源更新水平。

3.建立和完善对征占林地的补偿制度，确定合理的经济补偿标准

由于经济和环境的压力，不少林地正转向非林用途，或生产性林地转向保护性林地，这些都将引起资源供给数量以及结构的变化，引起林业生产者经济地位的变化。政府不仅应通过立法，阻止任意征占林地，而且应通过法定的补偿程序和补偿标准，确保林业生产者不致因林地征占而减少收入来源，增加就业压力。

（三）保证必需的公益林供应

在现代经济社会中，政府及地方团体都负有供给公益林的责任，政府应根据财力状况，社会需求状况，确定提供公益林的数量、程度以及范围。

政府必须慎重地考虑有关产品的性质，决定是否应当由政府直接经营。在传统的计划经济体制下，政府所经营的项目几乎包罗所有的社会经济活动，而许多林产品完全可以由独立的企业实体进行生产。如林业的主产品—木材，在使用上具有很高的排他性，并且具有利益的占有性。但在传统的计划体制下，由于缺乏竞争市场，以及由此产生的合理的价格体系和收入分配体系，缺乏对木材产品边际成本的正确估计，使计划价格定得过低。其结果，一方面使木材长期供不应求的现象无法从根本上得到改善；另一方面使国有木材生产单位始终处于吃"补贴"的状态。我们认为，政府直接经营的项目应当是那些因企业没有积极性，在市场机制下不能自觉供给的项目。如林业项目中的国土保安林、自然保护区、大型防护林工程、森林灾害防御工程等，这些项目都应该由政府来提供。

政府还应就提供公共物品的数量进行决策。用于公共物品生产的资源必须通过税收等方式从企业取得，而税收越高，整个社会的生产效率就会降低，因为高税赋会减少人们的生产积极性和企业投资，减少人们的收入和消费，从而减少政府的税收基础。因而，一定时期，社会所必需生产和公共物

品是有一定限度的。从这种意义上讲，林业中公共物品的提供应满足以下两点基本要求：维护环境状况不继续恶化，这是林业提供公共物品的最低水平；随着社会经济发展和人们物质、文化生活水平的提高，公共物品的供应水平也应相应地有所提高。

政府直接提供公益林的资金来源应出自于中央以及各级政府的财政收入，应从立法角度保证财政收入中有一定比例用于政府的公益林项目，提高使用效率，而不是依靠临时性的、随意性的摊派。

（四）维护产权

明确产权是市场经济有效运作的前提，保护财产权是现代国家宪法的一项基本内容。产权明晰，使资源的所有者、使用者的收益明确稳定，才有利于激发生产者对林业投资的积极性。产权明晰，还可以使用森林资源的代价，内部化为企业生产成本，使资源配置更有效率。

（五）森林资源保障体系的建立

林业活动具有生产经营周期长，受自然力作用大的特点，由此导致经营林业的风险性较强。而以一家一户为主要经营单位的林农，靠各自的力量抵御自然灾害和各种风险显然力不从心，而依靠林农参加商业性保险也是不现实的，这也是近年来我国保险业大力发展，而林业保险事业却发展缓慢的原因所在。因此，依靠政府作用，由政府来协调全社会的力量支持农林业发展，建立起社会林业的社会保障体系，帮助林农解决参与林业活动的后顾之忧，使林农增强抵御各种风险的能力，才能调动林农参与林业建设的积极性。因此，政府必须建立森林资源的保障体系，维护资源消长的积极平衡。

针对林业中所出现的不同问题，政府可以采取多种手段。直接的行政控制，应当是在对资源威胁紧迫情况下采用。如发生大面积森林灾害，任何个人和单个企业都是无能为力的，只有运用国家力量，在较短时间里，紧急动员并调动各种资源，才能及时地挽救森林灾害所造成的灾害。当发生林权纠纷，对森林资源哄抢时，也只有运用国家力量才能及时予以制止。

我国目前实行的限额采伐和一些地区实行的强制预留更新费用，也都属于直接控制范畴。限额采伐是由政府机构将限额总量分年度，逐级分配到木材生产者头上，并辅以"三证"签发的检查手段。这种方法直接限制了木材供应量的增加，使经济繁荣时，木材供需缺口拉大；而当经济疲软时，社会对木材需求减少。但生产者为利用采伐指标，不会自动减少采伐量，结果造成木材的积压、浪费。按年、树种、地区、林地对森林资源消长进行控制，控制成本也十分昂贵。同时，限额指标还成了某些权力者以权谋私的手段。再则，按行政区域设置的流通关卡阻碍了全国统一市场的形成，加剧了木材加工企业向小型化方向发展。因而，对限额采伐控制方式应予以修正。总的原则应将原来的以年控制改为按调整期总量控制，滚动采伐计划，对国有林控制应较严，而对集体林控制应较松。给企业及林农以一定的采伐自主权（在总量控制的基础上），以调动其造林、育林和发展林业生产的积极性。积极引入价格、税收机制，控制森林资源供给和需求数量，应当成为森林资源保障体系完善的重要内容。

建立政府对林业生产的支持体系，以减少林业生产者的成本支出。首先，建立对主要林产品的价格支持制度，政府林产品价格总水平应使林农在合理经营规模上得到与其他产业劳动者相近的收入；对林业生产和"一优两高"林业开发实施金融支持政策；对林业资金回流实行保障政策；实行和完善对林业生产资料的限价政策，帮助林业生产者，特别是竹业生产者降低成本，发展生产，增加收益。其次，引导林农调整林业生产结构，积极发展适应市场需求的优质林产品，支持林农从追求产量增长向追求质量效益提高方面转变，以增加林农收入。

九、建立与完善林业市场体系

政府要及时转变职能，做到间接调控市场，就必须建立完善的林业市场体系。林业应继续坚持建立社会主义市场经济体制改革的趋向，让林产品价格向市场靠近。在主要林产品价格放开以后，政府及时转变职能，间接调控市场，稳定林产品供求，保护林业生产者和消费者的利益，创造一个既能降低林产品交易成本，又能开展公开竞争的社会经济环境。

（一）作为林业管理组织手段的市场

在市场经济条件下，市场是联系分工协作的生产经营者的纽带，是一种无形的组织，市场通过"无形的手"来调节商品生产的决策，同样在社会主义市场经济体制下，市场机制是调节社会资源配置的基础手段，因此也是调节森林生态经济系统运行的基本手段，市场是否发达、市场机制是否完善、市场体系是否健全关系到森林生态经济系统运行的效率。目前我国正处在社会主义市场体制建设过程中，市场体系还是很不完备的。

我国不发达的市场体系的影响还表现为当其他系统管理手段发挥作用时，市场体系不能将这种作用传递到系统运行中，造成了系统管理手段的失效，比如当国家对森林经营进行贴息补助时，市场常常不能将补助落实到林业经营者手中。因此，在现阶段，系统管理部门必须协助其他产业部门共同加强进行林业市场体系的建设。

（二）林产品市场的培育对策

1.取消名不符实的独家垄断收购体制，建立规范有序多家平等竞争的收购体制

具体做法包括：法人经营必须向林业部门申领木材收购经营许可证。无工商营业执照、税务登记证的自然人个体户没有资格申领。同时向申领者做好有关法规和管理制度的宣传工作；严格执行凭证收购和销售木材制度。对无证的非法经营者要重罚重处，甚至追究刑事责任，惩一儆百，清除"逮住罚一倍，溜掉赚十倍"的恶性循环；林政部门会同工商、税务机构组成联合稽查组，不定期抽查市场交易情况，一旦发现无证经营，偷漏税金者立即查处；聘用市场稽查员，其奖金与查处违规经营，保证市场正常运行的业绩挂钩。同时，佩戴稽查员工号证，接受交易商监督，防止乱罚款。

2.完善采伐限额制度，推动商品林产业的崛起

采伐限额制度要顺应今后经营改革的战略需要，同步进行分类管理调

整，尤其是对定向培育的工业人工林，应进行如下改革：采伐限额制改为采伐备案制，让经营者享有与工业企业同等的自由权待遇，使商品林经营与一般商品经营遵循同等市场法则；如果采伐备案制一时难以施行，可采用采伐审核制。由经营者自行提出采伐时期和采伐量，交由林业部门审核，只要不对森林资源总体上构成威胁，造成浪费，原则上予以核准，只有特殊情况下才进行程序性干预；如果前述两制施行均有困难，林政部门可放宽采伐时期和采伐限额规定范围，尽量给经营者留有余地。

3.强化市场体系建设，促进市场规范化管理

不论是木材及林产品市场还是森林交易市场，其建设的具体措施包括：组建完整的市场体系，将无形市场建设摆在主导地位。市场体系包括：市场组织体系、市场规则和法律法规体系、监督管理体系、市场调控体系、信息服务体系以及交易商、市场中介组织等；从无形市场完善角度出发，将规范初级形态的集贸型木材市场作为战略点；期货市场以少而精和规模化为建设原则，切忌各批发市场盲目引进期货机制；有形市场的建设地址尽量以传统市场为基础或靠近它，不可无视木材商品的特殊性，盲目追求豪华型的商场化模式，而应讲究简单实用、方便合理、功能多样、布局有序。

（三）林地产权市场体系建设的必要性

林地是林业再生产最基本的资源，是林业可持续经营的基础。随着土地交易活动日益活跃，市场机制已全面介入土地资源配置和土地资产流动过程。要通过市场配置林地资源还有赖于林地产权市场的逐步发育，而在当前林地使用制度的改革及推进现代林业企业制度过程中，林地产权市场体系尚未完全建立起来，直接关系到林地产权与其他林业财产权利配置效率的高低，为此探索林地产权市场体系的建立及完善便显得十分必要。林地产权市场是林业产权主体进行林地产权交易的场所。交易的客体是林地的使用权及其地上附属物的所有权，交易主体包括林地所有权主体代表的国家、集体、以及相关企业或个人。林地产权市场体系是指林地产权交易中的各个部分密切联系，相互制约的有机统一体，具体包括林地产权市场的组织体系、市场

规则体系、市场调控体系、监督管理体系、中介服务体系，以及市场主体、客体体系。

（四）林业市场体系的培育与完善

为了使林业企业能真正地走向市场，培育与完善林业市场体系，必须做到：首先，进一步完善林产品市场。林产品市场建设的重点在南方集体林区。为保证其顺利进行，政府有关部门应废除那些具有歧视性、垄断性的政策和规定，林业企业应通过现代企业制度的建设，成为真正的市场运行主体，能够对市场信息作出正确反应，从而为市场机制全面调节林产品市场创造条件。同时，还应加快林产品市场管理制度创新，强化森林资源管理和林政管理，在此基础上努力推进木材及非木材产品市场全方位开放，从而建立间接调控型的林产品市场模式。其次，大力培育林业生产要素市场。林业生产要素市场是整个林业市场体系的重要组成部分，单一的林产品市场无法完全发挥市场机制的作用。因此，应在逐步完善林产品市场的同时大力发展林业生产要素市场，从而形成完整的林业市场体系。针对林业要素市场的现状，应主要抓好以下几方面：

1.加快林业资金市场的培育

利用资金市场筹资是扩大林业资金来源的重要途径。应努力促使那些产品具有比较竞争优势的林业企业，通过上市发行股票或债券等途径扩大企业资本金。同时，还应积极建立其他面向市场的林业商业性金融及由政府主持的林业政策性金融体系，为林业生产经营筹集充足的资金。比如，发展林业产业投资基金就是一种比较可行的筹资方式。通过资金市场筹资，既可扩大资金来源，又可利用资金索取回报的机制形成出资者对经营者较强硬的约束机制，可以防止盲目的投资决策，提高资金的使用效率，从而有利于林业经济增长方式转变。

2.努力培育林业企业家市场

目前，我国林业企业干部、职工的总体素质不高，高素质的人才少，其中最缺乏的是企业家。因此，要通过"科教兴林"战略的实施，逐步提高林业劳动者素质，尤其要积极培育企业家，加快企业家职业化的进程，并促使其合理流动，这是实现我国林业经济增长方式转变的一大先行资本。这个要素市场的形成有赖于整个国家的大环境，但林业部门可在部门内先启动企业家市场建设，努力把企业家这种稀缺的资源配置到最合适、最需要的企业中去。

3.促进林业科技市场形成

科技在林业经济发展中发挥着越来越重要的作用，但目前我国林业经济增长中科技进步的贡献率低，这不仅仅与林业科技开发研究不足有关，更与科技成果向现实生产力转化率低有关。因此，应努力培育林业科技市场，使之成为林业科研成果与林业企业之间联系的中介，促成林业科技与林业生产紧密结合。林业市场体系建设是一项复杂的、牵涉面很广的系统工程，在加快建立市场体系的同时，还应建立相应的市场规则并使其发挥作用，以规范市场行为；同时还应努力消除地方保护主义影响，以利于形成全国统一的大市场格局。

十、建立与完善林业经营及组织形式

（一）完善林业经营形式

1.影响林业经营形式的主要因素

（1）林业所有制结构

所有制对林业经营具有最本质的规范作用，它不仅影响林业经营的组织形式，也影响着林业经营的目标和经营利益的分配。因此，在林业经营中不能忽视所有制的因素，否则就会导致林业利益关系的混乱，影响林业经营活动的顺利进行。

（2）林业生产力发展水平

林业生产力水平与林业经营形式的选择关系密切，经营形式作为生产关系的表现形式，与生产力是否相适应，直接促进或制约着生产力的发展。因此，在林业经营中必须根据林业生产力的特点确定适宜的经营形式，如在国有林区和国有林业企业，因其生产力水平较高，可以采取股份制等较高级的经营形式；而在广大的农村，生产力水平目前还比较低下，主要应以承包经营和股份合作经营为主。我国林业发展的历史经验证明超生产力的变革生产关系，必然要受到严厉的惩罚。

（3）国家林业发展的方针政策

国家林业发展的方针政策是影响林业经营方式选择的重要因素。国家林业发展的方针政策决定着林业发展的方向，也决定着林业经营的重点。在不同的时期和不同的地区，随着林业经营方向的调整，林业经营形式必然发生变化。例如，随着国家保护天然林政策的出台，以经营天然林为主的林业企业就会从资源开发利用型的经营转向以营林和资源保护为主的经营，经营方向和内容的变化也必然导致经营形式的变革。

（4）社会经济发展对林业的需求

社会需求是促进林业发展的原动力，也影响着林业经营的形式。为了满足社会经济发展的需要，林业不仅要调整经营方向，还要通过经营形式的改变，扩大经营的规模，提高经营的集约程度，并借以增加社会供给。例如，随着近些年来社会经济的高度发展，对木材深加工产品的需求快速增加，直接导致了一些大型的股份制和集团制木材加工企业的发展。

（5）林业发展的基础条件

林业经营形式的选择与林业发展的基础条件，特别是资源条件也密切相关。林业是以森林资源为基础的产业，资源的多少和质量的好坏对林业的经营有很大的影响。例如，在资源较差的地区，林业的经营应以发展资源为主；而在主要林区，林业经营则应将资源可持续利用和加工产业相结合作为经营模式。

2.主要的林业经营形式

（1）承包经营

在林业上，承包经营，特别是森林资源管护和营林生产承包经营，由于比较适合林业的特点，被国有林业企业、集体林区和山区所广泛采用，成为当前最主要的一种经营形式。但承包经营上也存在一些问题和不足，例如，林业经营的对象主要以森林资源为主，而森林资源的生长不仅同经营者的投入和管理直接相关，还在很大程度上受土壤和气候等自然因素的影响，这给承包成果的核定等工作带来较大的困难，如果处理不好就会影响承包双方的利益，影响承包经营的效果。

林业承包经营的关键是：第一，要确定好承包经营的内容，在林业上承包经营都是对生产的某个阶段或工序进行承包，实际上将完整的生产过程分割成由不同经营者经营，如果处理不好各承包内容的衔接，就会影响整个生产过程的完整性，所以承包经营不应忽视统一的管理和协调。第二，在林业承包合同中，对承包经营成果的核定要进行科学的测定，否则就会使实际成果偏离合同的规定。例如，在资源的管护承包中规定森林生长量达到多少立方米就算完成承包合同，然而在不同的立地条件下，森林的生长量有很大差别，承包时必须进行科学的测定。第三，承包经营者是以自己的经营收入来满足生产和生活需要，并向发包者支付一定的承包金，而承包金的交纳水平既要不损害发包者的利益，又要保证承包者生产和生活的需要，只有这样才能调动承包者的积极性，并使经营活动不断发展。

（2）租赁经营

由于租赁经营是所有权和经营权阶段性的分离，租赁者不承担企业的发展责任，租赁者在经营期主要以资产经营的获利为唯一目的，极可能造成经营中的短期行为，使经营资产流失、浪费和过度损耗，最终损害所有者的利益，所以，采取租赁经营的林业企业比较少。

（3）股份合作制经营

在林业上，南方集体林区的股份合作制经营发展得比较快，主要形式有折股联营和多所有制联营两种。折股联营最早出现在福建三明，又称为"三明模式"。折股联营的核心是将集体的山林折价作股按股份分配给个人，分股不分山，分利不分林，农民持有的股票只是作为对集体山林占有权的证明，农民根据占有股票的多少享有收益的分配权并参加对集体山林的管理。在具体经营形式上，折股联营后的集体山林还是由集体经营，只不过经营的主体由原来的集体转变为由股东选举产生的林业股东会，林业股东会根据股东代表大会的决议对集体山林进行统一的管理，具体的生产经营活动主要采取承包的形式进行。

林业合作经营在发展中积累了很多成功的经验，根据不同的合作特点形成了很多合作经营的具体形式。例如，国有林场出资、村出林地和劳动力，由双方共同管理，承包经营，收益按比例分成就是一种典型的模式。

（4）股份制林业企业

股份制林业企业一般是在国有和集体林业企业的基础上，按照现代企业制度有关企业组建的原则、程序和方法组建的林业企业。股份制林业企业按具体的组建形式，又可分成股份有限公司、有限责任公司和股份联合公司等类型。股份制林业企业与非股份制企业的主要区别是：

①产权明晰

股份制企业的资产是由全体股东出资组成，属于资本联合，股东是企业资产的最终所有者，股东可以依法行使自己对资产的所有权利，股东依持有股票的多少对企业经营负有限责任。

②所有权与经营权彻底分离

由股东代表大会选举产生或依据出资额确定的企业董事会是企业最高的经营决策者，董事会以全部企业资产作为法人资产进行自主经营，并负有限责任，董事会聘请的总经理等高级管理人员负责企业的日常生产经营活动。这种企业组织形式和经营形式，所有权和经营权彻底地分离，企业经营完全可以不受资产所有者的影响，根据市场发展的需要进行生产经营活动。

③股份制企业更适应市场经济发展的需要

它可以通过股票发行等多种形式募集资金，可以更灵活地进行资产流动和经营方向的调整。股份制企业作为按现代企业制度组建的企业，采用更科学的管理、经营技术和方法，能够更有效地进行企业内外部资源的合理配置，提高经营效益，保障资产所有者和经营者利益的实现。

目前林业股份制企业的发展还比较缓慢，究其原因，一方面是我国的企业制度改革还处于起始阶段，有关法律和政策还不完善，相应的外部市场环境，特别是要素市场发育还不成熟。另一方面，林业是一个特殊的产业，生产周期长，经营风险大，经营效益的流失等自身的特点也加剧了林业股份制企业发展中的困难。但应该看到，股份制是现代林业企业发展的方向，是理顺林业经营中各种复杂关系，提高林业经营水平的重要途径之一。

（5）林业企业集团

企业集团是以公有制为基础，以名牌产品、优质产品或国民经济中的重要产品为龙头，以一个或若干个大中型企业、独立科研设计单位为主体，多个有内在经济和技术联系的企业和科研设计单位组成，是多个法人企业通过一定纽带进行联合，允许跨部门、跨国和跨所有制组成的经济联合组织。所以，它不是企业的简单的组合，而是一种特定的结合。它属于企业联合的范畴，但又不是一般的企业联合，通常它要比一般企业联合体的联合范围更大，结构也更复杂，是最高层次的经济联合。企业集团是生产社会化和专业化发展的产物，它是以共同经济利益为纽带，通过各种分工合作或协作经营，实现技术上、工艺上、产品上和其他经营环节的互补。

根据企业集团的组建形式和领导形式，企业集团可分为紧密型和松散型两种。紧密型集团有统一和完整的集团管理组织和制度，对集团的活动进行统一的计划和管理。松散型集团主要是通过经济合同和各种协议实现生产和经营上的统一，集团的各子公司有其独立的法人身份，经营上也是自主经营，自负盈亏。在林业上，企业集团化发展主要有两大类型，其中一类是在原有国有林业企业的基础上，通过行政或入股等途径组建的集团，这类集团组织较紧密，在资源和要素组合上具有一定的优势，但在经营上往往互补性不强。

林、工、商一体化经营最大的优点就是经营上的协作和互补，集团成员在生产经营上取长补短，共同发展，是林业企业和农村集体林业发展的一种经营模式。

（二）完善非政府组织

非政府组织是指那些独立于政府组织之外的集体的、个人的具有不定期公益性或非公益性的组织。国际社会非常关心森林经营中的多种问题，因此建立了多种多样的国际性组织，对各国的森林经营进行间接的影响。这种影响有些对我国林业十分有利，如世界银行近几年来对我国的低息林业贷款，对缓解林业资金紧张问题并对提高营林管理水平都发挥了积极的作用。随着市场经济的逐步建立，各种民间组织将会在系统运行调节中发挥更大作用。

（三）建立与完善林业中介组织

跨世纪的中国林业，必须适应市场经济规律的要求而发展。在社会主义市场经济条件下，如何才能使分散的林农经营，既置于国家必要的宏观调控之下，又纳入市场经济的轨道之上，我们认为，大力培育和发展农村市场中介组织，并建立起政府-中介组织-林农相联结的林业发展模式，是解决这个问题的必经之路，是我国实现林业两个根本性转变的希望所在。

农村市场中介组织是市场和社会分工的产物，它是沟通市场与林农的连接，充当林农进入市场的桥梁和纽带，为农村市场经济的发展提供各种服务，并具有法人地位的经济实体。建立农村市场中介组织的基本目的是改变传统计划体制下林业产业被割裂，林业再生产各环节的内在联系被行业、所有制、城乡等人为截断的弊端，将林业再生产过程的产前、产中、产后诸环节联结为一个完整的产业系统，引导分散的林农小生产转变为社会化大生产，为林业形成大产业，进入大市场，获得大效益创造条件，促使传统林业向现代林业转变；促使林业增长方式从粗放型向集约型转变。

（四）完善林业社会化服务体系

1.林业社会化服务体系的含义

林业社会化服务是指社会上的服务机构为满足林业生产的需要而提供的各种服务。林业社会化服务体系是指服务于林业生产的各行业或各部门组成的服务体系。具体而言，它是指为林业商品生产单位或承包经营的林农提供产前、产中、产后服务的林业生产服务系统。林业社会化服务的内容具有多样性，它包括科学技术服务、经济和技术信息服务、资金和信贷服务、供销服务、经济管理服务等。

2.建立健全林业社会化服务体系的客观必然性

在产权明晰基础上以及在市场机制调节下，集体山林的一部分可能会转变为其他产权形式，但是可以肯定在人口分布的影响下，大部分集体山林还是乡村组织和居民来经营。根据农业的经验和林业发达国家的私有林管理的经验，乡村林业经营需要比较健全的服务体系的支撑。

从产品市场上看，单个林农不论对林业生产资料市场还是对林产品市场，其影响都是微不足道的。而同林农进行交易的对方，却极容易在市场上占据垄断地位。所以，林农为了改变不利的交易地位，必然走向联合或寻求保护。从经营运作的层面上看，就是要求有专门组织为林农服务。另外，为了避免生产上的盲目性，林农在市场预测和生产决策上也需要帮助。

从资产市场上看，对于现代商业性金融机构来说，给林农融资风险极大。从技术市场上看，农业技术不具有保密性。在产品、资金、技术市场上分散经营林农所表现出来的劣势是同进入市场相联系的，而不是在自给性生产中表现出来的，所以不能看成是小生产的弱点。为了克服林农分散经营的弱点，社会主义国家曾经用集体经济加计划经济的办法，实践证明是失败的。而发达国家的经验证明，在国家的扶持或鼓励下，林农各种形式的联合能够克服单个林农进入市场的困难。因此，归根到底建立林业社会化服务体系是市场经济条件下林农经营体制的客观要求。林农经营加社会化服务才是农村市场经济体制应有的题中之义。

从改善林业经营角度看，林业服务体系建立很有必要，但是实际上这种制度的供给和需求都不足。县级林业局及其在乡镇的派出机构是林业服务的主要供给者，乡村林业合作组织的作用普遍较弱，加上资金来源很少，林业服务的供给十分有限。林业社会化服务体系的建立和发展有着深远意义，在林业发展中有着举足轻重的地位和作用，它是我国目前推进林业发展的基本内容和润滑剂。

3.林业社会化服务体系的组织形式

按经济环节分，有产、供、销、贮、运等不同环节的服务组织，主要保证企业和林农的正常生产和流通，确保其顺畅进行。同时也可解决农村信息不通，供销不畅等问题。这种服务组织在当前农村显得尤为突出，是服务组织中的关键形式，也是农村商品经济赖以发展的基础，是林业社会化服务体系中迫在眉睫，必须解决的主要问题。

按层次分，有省、地区、基层不同层次的服务组织。第一个层次是省林业服务组织，直接领导省所属承担乡村服务职能的几个地区处。第二个层次是地区服务公司，是承担乡村服务职能的几个地区处。与省服务组织不同的是，这些地区服务组织所在地不设在省服务组织所在的省会城市，而是设在地区服务组织所分管的地区。在地区服务组织下面设立若干个基层服务组织。基层服务组织作为直接为林农提供的经济组织，是直接为林农服务并直接与林农打交道的。

4.依靠市场机制建立林业社会服务体系

依靠市场机制建立林业服务体系困难很多，但不是完全不可能的。林业经营的长周期和风险性决定了林业需要扶持，而不是增加其交易费用，但是林产品生产毕竟是市场的选择，平均的收益还是存在的，还是能够承受部分服务性支出的。

目前乡镇林业站已经产生有偿服务的业务，如为乡村林业联系种苗供应并收取服务费、技术人员有偿为农户作技术指导，甚至有偿为乡村林场制定经营方案。随着乡镇林业站行政和服务职能的逐步分离，林业站一部分的技术人员和经营管理人员与乡村之间逐步地会形成交易关系。服务的需求扩张得越快，服务的供给也会更快地提高。

乡镇林业站能否成为服务交易的主流主要依赖于林业站改革的方向如何制定。有的林业站开始向林业生产经营主体转化，那么服务供给就比较弱；有的林业站向完全的林业行政职能转化，服务供给也比较弱，如果林业站同时分为行政、生产经营和林业服务三个部分，那么，林业站就可能成为林业服务交易的主流。从分类经营改革的目标出发，要求林业站职能至少分化为行政和服务性两种。行政职能主要是资源管理，尤其是公益林资源的管理；服务性职能主要是为乡村林产品生产提供技术和管理的服务，按交易双方的平衡价格获得收益。林业站作为乡村林业人才比较集中的组织，应当在服务提供方面发挥更大的作用。

当然，除了林业站以外，乡村已经出现了专业化的林业生产，如种苗生产、木材生产和销售、林产品加工等都可以通过自由交易的方式成为乡村林业与市场的中介。通过市场交易形成提供的服务虽然必要，但是并不可能成为林业服务体系的主要部分。一般来说，林业是个低收益的产业部门，需要大量的无偿服务，乡村林业尤其脆弱更需要多方面的扶持。林业行政部门应当尽可能在财政支持方面提供更多、更优质的无偿服务，为乡村各种类型的林业经营创造更好的经营环境，促进乡村林业经营水平的提高。

第二节　林业生态工程建设与管理

一、现代林业与经济建设

（一）林业推动生态经济发展的理论基础

1.自然资本理论

自然资本理论为森林对生态经济发展产生的巨大作用提供理论根基。生态经济是对200多年来传统发展方式的变革，它的一个重要的前提就是自然资本正在成为人类发展的主要因素，自然资本将越来越受到人类的关注，进而影响经济发展。森林资源作为可再生的资源，是重要的自然生产力，它所提供的各种产品和服务将对经济具有较大的促进作用，同时也将变得越来越稀缺。按照著名经济学家赫尔曼（Herman）的观点，用来表明经济系统物质规模大小的最好指标是人类占有光合作用产物的比例，森林作为陆地生态系统中重要的光合作用载体，约占全球光合作用的1／3，森林的利用对于经济发展具有重要的作用。

2.生态经济理论

生态经济理论为林业作用于生态经济提供发展方针。首先，生态经济强调好的发展应该是在一定的物质规模情况下的社会福利的增加，森林的利用规模不是越大越好，而是具有一个度，林业生产的规模也不是越大越好，关键看是不是能很合适地嵌入到经济的大循环中。其次，生态经济要求将自然资本的新的稀缺性作为经济过程的内生变量，要求提高自然资本的生产率以实现自然资本的节约，这给林业发展的启示是要大力提高林业本身的效率，包括森林的利用效率。最后，在生态经济关注物质规模一定的情况下，物质分布需要从占有多的向占有少的流动，以达到社会的和谐，林业生产将平衡整个经济发展中的资源利用。

3.环境经济理论

环境经济理论提高了在生态经济中发挥林业作用的可操作性。环境经济学强调当人类活动排放的废弃物超过环境容量时，为保证环境质量必须投入大量的物化劳动和活劳动。这部分劳动已越来越成为社会生产中的必要劳动，发挥林业在生态经济中的作用越来越成为一种社会认同的事情，其社会和经济可实践性大大增加。环境经济学理论还认为，为了保障环境资源的永续利用，必须改变对环境资源无偿使用的状况，对环境资源进行计量，实行有偿使用，使社会难以经济性内在化，使经济活动的环境效应能以经济信息的形式反馈到国民经济计划和核算的体系中。环境经济学理论保证经济决策既考虑直接的近期效果，又考虑间接的长远效果，为林业在生态经济中的作用的发挥提供了方法上的指导，具有较强的实践意义。

4.循环经济理论

循环经济的"3R"原则[①]为林业发挥作用提供了具体目标。"减量化、再利用和资源化"是循环经济理论的核心原则，具有清晰明了的理论路线，这为林业贯彻生态经济发展方针提供了具体、可行的目标。首先，林业促进其他产业乃至整个经济系统实现"3R"。森林具有固碳制氧、涵养水源、保持水土、防风固沙等生态功能，为人类的生产生活提供必需的氧气，吸收二氧化碳，净化经济活动中产生的废弃物，在减缓地球温室效应、维护国土生态安全的同时，也为农业、水利、水电、旅游等国民经济部门提供着不可或缺的生态产品和服务，是循环经济发展的重要载体和推动力量，促进了整个

---

① 3R原则，即减少（Reduce）、重复利用（Reuse）和回收（Recycle）。

生态经济系统实现循环经济。其次，林业自身是贯彻"3R"原则的主体。林业是传统经济中的重要部门，为国民经济和人民生活提供丰富的木材和非木质林产品，为造纸、建筑和装饰装潢、煤炭、车船制造、化工、食品、医药等行业提供重要的原材料，林业本身要建立循环经济体，贯彻好"3R"原则。

（二）现代林业促进经济排放减量化

1.林业自身排放的减量化

林业本身是生态经济体，排放到环境中的废弃物少。以森林资源为经营对象的林业第一产业是典型的生态经济体，木材采伐的剩余物可以留在森林，通过微生物的作用降解为腐殖质，重新参与到生物地球化学循环中。随着生物肥料、生物药剂的使用，初级非木质林产品生产过程中几乎不会产生对环境具有破坏作用的废弃物。林产品加工企业也是减量化排放的实践者，通过技术改革，完全可以实现木竹材的全利用，对林木的全树利用和多功能、多效益的循环高效利用，从而实现对自然环境排放的最小化。例如，竹材加工中竹竿可进行拉丝，梢头可以用于编织，竹下端可用于烧炭，实现了全竹利用；林浆纸一体化循环发展模式促使原本分离的林、浆、纸三个环节整合在一起，让造纸业承担起造林业的责任，自己解决木材原料的问题，发展生态造纸，形成以纸养林，以林促纸的生产格局，促进造纸企业永续经营和造纸工业的可持续发展。

2.林业促进废弃物的减量化

森林吸收其他经济部门排放的废弃物，使生态环境得到保护。发挥森林涵养水资源、调节气候等功能，为水电、水利、旅游等事业发展创造条件，实现森林和水资源的高效循环利用，减少和预防自然灾害，加快生态农业、生态旅游等事业的发展。林区功能型生态经济模式有林草模式、林牧模式、林药模式、林菌模式、林禽模式等。森林本身具有生态效益，对其他产业产生的废气、废水、废弃物具有吸附、净化和降解作用，是天然的过滤器和转化器，能将有害气体转化为新的可利用的物质，如对一氧化硫、碳氢化合物、氟化物，可通过林地微生物、树木的吸收，削减其危害程度。

林业促进其他部门减量化排放。森林替代其他材料的使用，减少了资源的消耗和环境的破坏。森林资源是一种可再生的自然资源，可以持续性地提供木材，木材等森林资源的加工利用能耗小，对环境的污染也较轻，是理想的绿色材料。木材具有可再生、可降解、可循环利用、绿色环保的独特优势，与钢材、水泥和塑料并称四大材料，木材的可降解性减少了对环境的破坏。另外，森林是一种十分重要的生物质能源，就其能源当量而言，它是仅次于煤、石油、天然气的第四大能源。森林以其占陆地生物物种50%以上和生物质总量70%以上的优势而成为各国新能源开发的重点。

由于城市热岛增温效应加剧城市的酷热程度，致使夏季用于降温的空调消耗电能大大增加。森林和湿地由于能够降低城市热岛效应，从而能够减少城市在夏季由于空调而产生的电力消耗。

（三）现代林业促进产品的再利用

1.森林资源的再利用

森林资源本身可以循环利用。森林是物质循环和能量交换系统，森林可以持续地提供生态服务。森林通过合理经营，能够源源不断地提供木质和非木质产品。木材采掘业的循环过程为"培育—经营—利用—再培育"，林地资源通过合理的抚育措施，可以保持生产力，经过多个轮伐期后仍然具有较强的地力。森林资源再利用的关键是确定合理的轮伐期，自法正林理论诞生开始，人类一直在探索循环利用森林，至今我国规定的采伐限额制度也是为了维护森林的可持续利用，在非木质林产品生产上也可以持续产出。森林的旅游效益也可以持续发挥，而且由于森林的林龄增加，旅游价值也持续增加，所蕴含的森林文化也在不断积淀的基础上更新发展，使森林资源成为一个从物质到文化、从生态到经济均可以持续再利用的生态产品。

2.林产品的再利用

森林资源生产的产品都易于回收和循环利用，大多数的林产品可以持续利用。在现代人类的生产生活中，以森林为主的材料占相当大的比例，主要有原木、木制品、锯材、人造板和家具等以木材为原料的加工品，以及松香和橡胶及纸浆等林化产品。这些产品在技术可能的情况下都可以实现重复利用，而且重复利用期相对较长，这体现在二手家具市场发展、旧木材的利用、橡胶轮胎的回收利用等。

3.林业促进其他产品的再利用

森林和湿地促进了其他资源的重复利用。森林具有净化水质的作用，水经过森林的过滤可以再被利用；森林具有净化空气的作用，空气经过净化可以重复变成新鲜空气；森林还具有保持水土的功能，对农田进行有效保护，使农田能够保持生产力；森林对矿山、河流、道路等也同时存在保护作用，使这些资源能够持续利用。湿地具有强大的降解污染功能，维持着96%的可用淡水资源，以复杂而微妙的物理、化学和生物方式发挥着自然净化器的作用。湿地对所流入的污染物进行过滤、沉积、分解和吸附，实现污水净化。

二、现代林业与粮食安全

（一）林业直接提供森林食品和牲畜饲料

林业可以直接生产木本粮油、食用菌等森林食品，还可为畜牧业提供饲料。中国的2.87亿公顷林地可为粮食安全做出直接贡献。经济林中相当一部分属于木本粮油、森林食品，发展经济林大有可为。经济林是我国五大林种之一，也是经济效益和生态效益结合得最好的林种。按《森林法》规定"经济林是指以生产果品、食用油料、饮料、调料、工业原料和药材等为主要目的林木。"我国适生的经济林树种繁多，达1000种，主栽的树种有30多个，每个树种的品种又多达几十甚至上百种。经济林已成为我国农村经济中一项短平快、效益高、潜力大的新型主导产业。

我国加入世界贸易组织（WTO）后，实施农村产业结构战略性调整，开展退耕还林，人民生活水平不断提高，为我国经济林产业的大发展提供了前所未有的机遇和广阔市场前景，我国经济林产业建设将会呈现更加蓬勃发展的强劲势头。

（二）林业保障粮食生产的生态条件

森林是农业的生态屏障，林茂才能粮丰。森林通过调节气候、保持水土、增加生物多样性等生态功能，可有效改善农业生态环境，增强农牧业抵御干旱、风沙、干热风、台风、冰雹、霜冻等自然灾害的能力，促进高产稳产。实践证明，加强农田防护林建设，是改善农业生产条件，保护基本农田，巩固和提高农业综合生产能力的基础。在我国，特别是北方地区，自然灾害严重。建立农田防护林体系，包括林网、经济林、四旁绿化和一定数量的生态片林，能有效地保证农业稳产高产。由于林木根系分布在土壤深层，不与地表的农作物争肥，并为农田防风保湿，调节局部气候，加之林中的枯枝落叶及林下微生物的理化作用，防护林能改善土壤结构，促进土壤熟化，从而增强土壤自身的增肥功能和农田持续生产的潜力。据实验观测，农田防护林能使粮食增产15%～20%。在山地、丘陵的中上部保留发育良好的生态林，对于山下部的农田增产也会起到促进作用。

此外，森林对保护草场、保障畜牧业、渔业发展也有积极影响。而森林毁坏会导致沙漠化，恶化人类粮食生产的生态条件。100多年前，恩格斯在《自然辩证法》中深刻地指出，"我们不要过分陶醉于我们对自然界的胜利。对于每一次这样的胜利，自然界都报复了我们。美索不达米亚、希腊、小亚细亚及其他各地的居民为了得到耕地，把森林都砍完了，但是他们想不到，这些地方今天竟因此成为荒芜不毛之地，因为他们使这些地方失去了森林，也失去了积聚和贮存水分的中心。阿尔卑斯山的意大利人，在山南坡砍光了在北坡被细心保护的松林。他们没有预料到，这样一来他们把他们区域里的高山畜牧业的基础给摧毁了；他们更没有预料到，他们这样做，竟使山泉在一年中的大部分时间内枯竭，而在雨季又使更加凶猛的洪水倾泻到平原上。"这种因森林破坏而出现粮食安全受到威胁的情况，在中国也一样。由于森林资源的严重破坏，中国西部及黄河中游地区水土流失、洪水、干旱和荒漠化灾害频繁发生，农业发展也受到极大制约。林业是生态建设的主体，是经济社会可持续发展的基础。因此，保障林业的发展是我们共同的责任。

第五章　风景园林基础理论

第一节　风景园林与生态

一、风景园林与生态设计的概念

随着社会经济规模的不断扩大，我国的发展也进入工业化阶段。虽然目前我国正在进行深刻的经济转型，但快速、粗放发展造成的后遗症也在不断地显现，在工业化发展的过程中，城市周边的自然环境遭到严重的破坏，自然环境的破坏也严重制约了城市经济的发展。在人居环境中，进行风景园林的设计，有利于涵养水土、防砂防尘、吸收人居环境中的有毒物质等。除此之外在人居环境中进行生态设计有利于改善人与自然的关系，使人类和自然和谐地进行相处。在风景园林设计中加入生态设计的元素，有利于推动社会的可持续发展，也有利于全面推进人与自然的和谐相处。

在风景园林设计中进行生态设计的含义是在进行风景园林的设计中，充分保护生态环境，减少对生态环境的破坏，强调人与自然的和谐相处，把风景园林的设计考虑在对生态环境的保护之中。与传统的风景园林设计理念相比较，基于生态保护的当代风景园林设计理念更加注重对生态环境的保护，强调人类只是生态系统中的一部分，人们的生活需求不应以破坏生态系统为代价。

二、生态景观设计的中心思想

（一）生态恢复

生态系统自身有较强的自我恢复特性，并且能够逆向演替。可是如今的自然环境在自然因素影响之外主要受到人为的因素影响。如今设计师们的设计规划地往往是一些废弃地区、垃圾场、被工业生产破坏的土地，这些土地的恢复改造离不开景观设计，让设计场地良性发展是当代设计师们有责任心的表现。他们面对这些面目全非的土地时，首先需要考虑的是如何进行生态环境的恢复，积极地通过生态环境的设计和促进场地生态系统的充分完善。

（二）生态适应与补偿

整个工业时代消耗了巨量的非可再生资源，时至今日资源不断减少、生态环境开始伤痕累累，景观设计师的使命也与整个地球的生态系统紧密联系在一起，积极探索保证景观适宜性的同时更要减少破坏环境的设计思路和手法。科学技术的迅速发展极大程度减缓了非可再生资源的消耗。风能、太阳能、水能的高速开发利用很好地缓解了人类社会对能量的高度需求。

三、风景园林景观生态设计遵循的原则

（一）生态性设计

在风景园林设计中进行生态设计要求在园林设计中最大程度地发挥植被作用。要求植被在风景园林的设计中除了发挥美化环境的作用之外，还要参与到防沙固土、涵养水源、清洁空气的作用中来。为确保生态设计能够有效地发挥出正常功用就要求在生态设计中要因地制宜地进行植物种类的配比设计。在空气污染较为严重的地区，例如煤电厂、化工厂附近，可以多利用黄杨、女贞等植物，这些植物可以有效地对空气中的有害物质进行吸收和固定，减少环境污染。在灰尘污染较为严重的地区，可选择种植一些可有效吸附灰尘的针叶植物。

（二）因地制宜的原则

在进行风景园林设计的过程中，进行设计的依据不能简单地只是考虑外形效果的美观，应当根据当地的实际情况，科学合理地对风景园林设计中利用的植物种类进行选择。在当地的环境特点下，植物的成活率、种植费用、后期管理难度等，这些都需要景观设计师根据实际情况进行充分的考虑。[①]因此在风景园林景观设计中，应该对当地的实际环境特点进行考虑，科学合理地选择景观树木。对植被的选择标准就是能够适应当地的自然环境、成活率相对比较高、在后期植被的管理中能够降低植被的管理难度、缩减进行植被管理消耗的人力成本和物力成本，能够最大程度地发挥风景园林景观设计的生态保护效益和社会效益。

（三）生物多样性原则

在进行风景园林景观设计时，生物种类的单一不能凸显景观设计的内涵。生态学特点告诉人们，单一植物种类的生态系统是很容易被摧毁的，只有动植物种类丰富的生态系统才具有非常大的稳定性，能够抵挡外界环境的不断变化。因此在风景园林景观设计中，要不断地丰富生物的多样性，尽可能地在生态设计中形成一条完整的生物链条，从而增强人造生态系统的稳定性和成活能力。

（四）人性化原则

风景园林景观的建设，从根本上讲是为了满足人类生存发展的需要。在进行风景园林景观的建设时，也要遵循人性化的原则，充分体现以人为本的理念，在实现园林景观生态效益与环境效益的同时，满足人们对园林景观的审美需求和观赏需要。在进行园林景观的设计时遵循人性化的原则，可以为城市居民提供休闲的场地，使人们更加贴近自然，促进人与自然的融合，对缓解人们的心理压力，保证人们的心理健康有着重要的意义。

---

① 李挺.基于与景观营建结合的岩仓残痕整容设计研究[J].安徽农业科学，2011，39（25）：74-78.

与传统的园林设计理念相比，现代园林景观中的生态设计理念体现在整体的设计方法上，体现在尊重场地其他元素、生物的需求上，体现在尊重自然，保留一些自然的荒地、原野以研究自然的变化上，体现在园林景观设计要减少能源消耗、保护自然资源、废弃物再利用等方式方法上。园林景观的生态设计更好地实现园林景观与自然环境的协调，对我国可持续发展战略的实施和环境友好型社会的建设有着重要的意义。

四、园林生态设计的实施方法

景观生态的建设是一个基本的实施战略，在实际建设中，一定要结合当地的具体情况来进行景观设计，只有这样，才能进一步发挥园林景观的建设作用，促进人与自然的和平共处、互惠发展。

（一）重视植物造景的作用

在进行生态景观设计时，美学和植物的差异不容忽视。在设计时应考虑景观植物的习性和特征，以创造一个有吸引力和可持续的景观。在今天的许多生态花园中，植物经常死亡，需要持续的维护，这就解释了设计的缺陷，增加了维护成本。设计师在设计时，要时刻考虑到不同国家、不同地域的植物之间的区别与联系，这不仅影响设计的美观性，还可更好接近这个地域的自然环境。更值得一提的是，植物的生长和花园里的地质特征以及精简的植物都会使植物造景有一个不同的美感，并可以一定程度地降低前期投入，使园林逐步适应当地的发展，提升园林的整体效益。在进行景观设计时，还需要注意植物品种之间的选择，成景要有较好的视觉美感，使之形成一个完整的生态环境。

（二）树立生态环保的绿色设计理念

风景园林设计是对整个城市特征及文化内涵的体现，因此在园林设计阶段就应该对城市的生态进行全面的分析和综合的考察，并在设计中秉持生态环保的设计理念，满足绿化环境和艺术欣赏的效果。首先，在树木或者植物的选择时应和当地的气候条件及水文类型等自然因素相适应，并综合考虑园林的风格和特色。其次，植物也要让其具备极大的生态效益，例如引进纤麻类的植物，因为纤麻类的植物能储存大量的碳，进而帮助城市降低温室效应，同时也不能选择过于昂贵的植物，一旦种植失败不仅会浪费资金，还会影响园林的建设效果。此外在园林设计中还应避免雷同，对于每一株植物的种植应该体现出独特的意义和价值，对空间安排也要做出合理的设计，注意植物之间的协调性与搭配性，在不同的季节选择不同的植物类型，从美学和生态学的角度进行园林的设计，防止审美疲劳。

（三）使用先进的设计理念与技术

设计人员的设计理念以及技术对风景园林的设计效果具有直接的关系，在设计的过程中，设计人员必须使用新的设计思路以及手法，增强风景园林艺术性的同时，还要保证风景园林建设施工的经济价值。比如设计人员可通过使用CAD制图或者VR仿真技术、3D虚拟技术等，先将园林中的植物、假山、河流或走廊等进行设计，呈现出整体的效果，然后分析每一个环节中可能存在的问题或不足，通过不断地更新与完善，让设计效果最大化。比如：在植物的设计过程中，设计人员可以通过3D虚拟技术，先对每种植物的位置、高低及不同季节的色彩进行预先设计，分析每种植物在不同季节的变化情况，然后结合整个风景园林的特色，选择最佳的植物类型，保证植物能与周围的景物和建筑相匹配，同时还要展现出植物在风景园林中的层次感，对不同的苗木进行合理的安排，让风景园林能达到美学艺术与生态艺术的相统一。

（四）重视土壤与水的设计

土壤是植物生产过程中不可或缺的一部分，植物可从土壤中汲取自己所需要的养分。因此要多关注土壤的设计。分析土壤的成分和特性，在土壤被污染后，要及时置换和处理，让植物能好好地生长，满足所需要的养分和水分。设计园林过程中还需节约利用水资源，及时处理污水和收集地表水。园林中有湿地和大型植物，则可用其来净化污水，让园林绿化更好，在一定程度上扩大动物的栖息地，改善环境。

（五）凸显城市特色

景观的设计是城市设计的一部分，需在设计时在形式以及内容上凸显城市的优势与特点，具有独特性，实现文化输出。城市的特色和传统必须纳入草案，以确保该市特征中所体现的生态景观，以确保游客留下深刻的印象。随着我国经济的发展和社会主义精神文明的建设，人们在日常生活中越来越重视环境保护。特色景观更容易记忆，让游客对文化有更清晰的认识，促进城市的经济发展。

第二节　风景园林与自然

一、风景园林与自然的关系

当今世界人口急剧膨胀、资源极度枯竭、环境急速恶化，风景园林的内涵已不仅在于营造一处优美的人造风光，更在于与自然系统密切沟通，调和自然界与人类社会经济发展的关系，在修复已遭破坏的环境的基础上，寻求一种人与自然和谐共处的用地模式。在风景园林行业发展的过程里，始终离不开自然要素和自然系统，它既是我们施展技能的工具，也是我们解决问题的对象，更是我们行业存在的基础和发展的动力。

但同时，风景园林是一种人工干预的实践活动。这意味着我们所创造的景观即使使用了再多的自然要素，看上去比自然的风光还要美，也不过是人造的景观。因此，在自然系统中人为地去干预去创造并不是一件看上去很美的事情。我们需要从思想、理论、技术上等方面去认识自然、尊重自然、利用自然。

二、自然系统的理解

"所谓自然系统，是指自然物按照它们的物理、化学或生物的联系而组成的整体。自然系统有天然系统和人化系统之分。天然自然系统的基本特点是，它不受人的干预，自然形成的。例如天体系统、地球系统、原始地理系统、原始生物系统、原始生态系统等。人化自然系统的特点是，它受到人的活动的影响和干预"。

在探讨风景园林与自然系统的关系之时，我们此时理解的自然系统应当是天然自然系统，它是与人化自然系统相对的宇宙中很多年以来形成的天体、海洋、植物、气象、动物等事物与现象。这是一个高度复杂的自循环系统和自平衡系统，如天体的先天运转、季节的周而复始、地球上动植物的生态循环，直至食物链等维持人体生命的各种系统都是自动高速平衡的。系统内的个体按自然法则存在或演变，产生或形成一种群体的自然现象与特征。

而这一高度复杂且庞大的自然系统最突出显著的特征当属其系统性。哲学中的现代系统观认为，事物的普遍联系和永恒运动是一个总体过程。因此，我们在分析问题时，要全面地把握和控制对象，综合地探索系统中要素与要素、要素与系统、系统与环境、系统与系统的相互作用和变化规律，把握住对象的内、外环境的关系，以便有效地认识和改造对象。

三、自然在风景园林中的重要性

在风景园林建设过程中，需要根据当地的地质结构、自然环境、气候特征以及植物分布等条件展开。地质结构指的是当地的土壤环境以及岩石类型，由于外力的影响，不同位置会形成不同的地理面貌，因此需要充分了解当地地质结构。气候环境是风景园林的主要环境，对风景园林最终建设质量有着至关重要的影响，一切生物活动以及生存都需要大气的支持，因此在风景园林建设中，需要充分考虑这一条件。另外，水资源也是风景园林中的重点，生命的出现离不开水资源，因此需要充分考虑当地的水资源情况，其中包括水资源的分布、水资源质量以及水资源流量等。由此可以看出，风景园林虽然属于现代文化，但是在实际建设过程中，必须在尊重自然环境的基础上进行，这种方式能够提升风景园林中的自然力量，进而使风景园林保持较强的生命力。

四、自然系统观下的风景园林的特点

（一）自然系统中每一个要素都有其作用

自然系统是一个自循环系统和自平衡系统。为了保持自然系统的健康和可持续性，系统内的食物链、能量流等物质与能量的传递必须得到进行，而进行这些过程的载体就是自然系统中的每一个要素。这些要素不仅仅包括我们过去常常使用的植物、山石、水体等，也包含我们常常忽略的微生物、风、雨水等，还包括一些我们通常认为是"废物"的东西。风景园林设计需要关注这些常常被忽略和被遗弃的自然要素，只有这样，设计的作品才能真正融入自然系统中，为整个系统的运转做出有益的贡献。

（二）自然系统具有自组织和能动性

自然系统是具有自组织或自我设计能力的，热力学第二定律告诉我们，一个系统当向外界开放，吸收能量、物质和信息时，就会不断进化，从低级走向高级。同时，自然系统的这一自我组织和自我设计能力也是远远超出人类的认识与想象的。所以，以自然系统为研究对象的风景园林行业，不能闭门造车地光以个人的想象力去设计一个所谓的稳定的、静态的、保持不变的理想景观，更不可能以人的意志去控制、征服自然系统，而应当学习和借鉴自然系统自身的组织和设计能力，激发和引导自然的创造力，良性地引导自然过程，因势利导，这样才能设计出符合自然系统规律的景观。同时，对自然过程的利用与发掘也极大地拓展了景观美学的深度，促使过程景观的产生。

（三）自然系统的生物多样性

自然系统具有生物多样性。生物多样性包括三个层次的含义：生物遗传基因的多样性；生物物种的多样性；生态系统的多样性。正是生物多样性维持了自然系统本身的健康和高效。因此，想要创作出与自然系统相容的景观设计就一定要遵守生物多样性。其中，生态系统的多样性是基因多样性和物种多样性存在的环境基础，也是与风景园林行业联系最为密切的一个领域。

五、风景园林与自然的相互融合

（一）提升园林景观中的生命力

自然变化都是有规律可循的，自然环境中的生命也一样，因此在风景园林建设过程中，也需要遵循自然变化，将自然环境中的生命与风景园林相互结合，最终达到提升风景园林生命力的目的。[①] 在此过程中，风景园林建设人员需要先确定生命支持系统，建立开放性的生态模式，这种方式能够充分体现出风景园林的能动性。另外，还要注意自然环境中的植物生长以及生态系统变化等，维护自然本身的发展规律，同时赋予风景园林一定的自我调节能力，使其与自然环境中的功能相互结合。由此可以看出，在提升风景园林生命力的过程中，需要在自然环境发展规律的基础上展开，同时利用先进的科学技术，例如风能、水能以及太阳能等，为风景园林提供相应的技术支持。

（二）将自然与文化相互融合

风景园林建设的主要目的是满足人们对生活的需求，因此在风景园林建设过程中，需要根据当地不同的文化习惯展开，将自然、科学以及文化完美结合。充分利用地域特点以及自然特点等，将其与风景园林相互结合，例如，苏州园林在建设的过程中，就将地域文化以及人文文化相互结合，将风景园林转变为园林文化，在此过程中尊重自然、顺应自然，这一设计理念在当今时代需要应用和传承。由此可以看出，在将风景园林与自然文化相互结

---

① 刘莎.浅谈园林景观植被设计与管理技术[J].陕西农业科学，2015，61（02）：127-128.

合的过程中，自然环境是基础，同时应用可持续发展理念，也是当今时代风景园林建设的关键内容以及重点内容。

（三）充分保护自然资源

风景园林主要由土壤体系以及动植物体系组成，自然体系之间是相互依存的关系，因此在风景园林建设过程中，需要全面展开对自然资源的保护，根据当地自然资源的分布情况以及发展情况，制定相应的风景园林建设方案。例如，在风景园林建设中，保护自然环境中的不可再生资源，降低对自然资源的破坏程度，同时再次利用自然环境中的水资源以及土地资源等，保证风景园林建设的合理性。又例如，将原有的自然风貌作为基础条件，在此基础上建设风景园林，同时保护其中的自然资源，将风景园林与自然充分融合，完成生态改造的同时，提升风景园林的建设质量。由此可以看出，在研究风景园林与自然的过程中，最重要的一点就是尊重自然以及保护自然，只有这样才能够保证二者共同发展、共同融合，同时遵循可持续发展的原则，为今后风景园林与自然的发展提供条件。

综上所述，随着人们对风景园林关注度的逐渐提升，如何保证风景园林的建设质量成为相关人员关注的重点问题。本节通过研究风景园林与自然相互融合措施发现，对其进行研究，能够大大提升风景园林整体设计建设的质量，同时还能够将其与自然风光完美融合。由此可以看出，研究风景园林与自然的融合措施，能够为今后风景园林与自然的发展奠定基础。

第三节　风景园林设计中的情感因素

随着人类社会现代化的发展，人们的物质生活和文化生活水平不断进步，人类对于艺术园林的欣赏水平也飞速提高，单纯的居住的舒适程度和造型的优美已经越来越难以满足人类挑剔的审美眼光，而是将目光越来越多地集中于风景园林中的情感因素上。优秀的风景园林在设计上会使人产生充分的愉悦感和满足感，给人以美的享受。

一、情感的定义及特点

目前，国内外主流观念普遍认为，情感是一种主观上的经验以及思想的活动引起的行为的表达，研究者认为，情感是人类进化中所保留的一部分内容，可以达到促进社会交流的目的。研究发现，除了人类之外，一些动物也同样具有自己的情感。很多人认为，人类的大脑结构构造是人类情感产生的根本原因，情感即人类大脑受到外界刺激后的自然反应。尽管科学家目前对人类情感的产生和表现方式还没有充分地明白，但是，毫无疑问的是，情感是人类生活的重要组成部分，它影响着人们的学习和记忆，并在潜移默化中影响人类的发展和进步。不同种族、不同国籍的人们拥有着相同的情感因素，不同的只是其表达内容和表达方式而已。

（一）情感具有相对性

就像中国的太极，情感也是如此，任何情感都有其相互对立的部分，如喜欢和讨厌，高兴和难过。人们都向往好的一面，喜欢愉悦、满意、幸福等正面情绪，讨厌痛苦、伤心、不满、怨恨等负面情绪。然而，没有人可以做到永远不产生负面情绪，有喜就有悲，有满足就有不满，有激励就有疲惫。

（二）情感具有一定的时间和强度

情感是人类在短时间内产生的一种内心活动，它具有一定的时间和强度。开心是暂时的，难过也是暂时的，不同的情感来回交替，才组成了人类特殊的情感体验。同时，情感具有不同的强度，这与人类个体受到的外界刺激的强度有关，又受到人类个体自身对情感的控制程度的影响，一般来说，一个人受到外界刺激的强度越大，那么其产生的情感强度也就越大。

二、风景园林设计中的情感因素

情感化的因素体现在人们所处的自然环境和人文环境中，景观能够影响人们的各种情感活动，这种活动通过人们的情感体验和个体性格特点反映出来。因此，情感化的景观设计同样要关注人的活动和需求，遵循"以人为本""人性化设计"的原则。

情感在园林设计中的体现主要有形、色、声、味等方面。对不同园林要素的搭配组合，营造出不同的场景氛围。

（一）形

每个场地都有其独特的形状、肌理。北京是一座具有3 000多年历史的古都，底蕴深厚。其中心轴线具有十分重要的意义。"山城"重庆，由于坐落在丘陵之上，随处可见依坡而建的房屋。城市魅力体现在我们对于美的发现，发现美并利用美来进行风景园林设计，以此感受城市的魅力。

（二）色

城市的景观有其文化内涵，城市的建筑色彩也有它的文化内涵。色彩不仅是展现一座城市的文化，还展现一座城市的文明。从白墙黑瓦的中国江南民居到红墙黄瓦的中国故宫建筑，再到彩色外墙的欧洲特色威尼斯布拉诺小镇，色彩带给人们的视觉冲击，会令人产生一种强烈的兴奋，深深地感受色彩带来的震撼、讶异与感动。

（三）声

园林中的声音也是独特的景观。如苏州拙政园感受蕉窗听雨的"听雨轩"，杭州西湖十景之一的"南屏晚钟"，扬州个园中"冬山"的"北风呼啸"声。[①]现代的声音景观也有许多，如西安大雁塔的音乐喷泉、桂林两江四湖放的古典音乐，园林通过这些声音景观深化了园林意境。

（四）味

味在园林中也是重要的情感因素。不同的植物气味各有特色。如桂花的浓香、茉莉花的清香等，不同的香味令人产生不同的嗅觉感受。苏州拙政园的远香堂，取自《爱莲说》："香远益清"，在夏日荷风中清香远送。苏州留园著名的闻木樨香轩，也是因其香味而闻名，这些气味就像地标一样，扮演着园林路标的角色。除此之外，松柏、桉树、樟树等树木散发出来的香气，都能引起游人美好的心理感受。

三、中国传统园林设计中的情感因素

（一）中国传统君子比德思想

以自然之美比喻君子之美。人们对大自然的尊重，是因为大自然的形象表现出了与人美好高尚品德相类似的特征。中国园林筑山理水的手法，使得中国园林风景式发展更加明确。扬州个园园主人认为，竹虚心、体直、挺拔，有君子品格，竹叶形状似"个"字，故名个园。广玉兰、竹、梅花等花木在个园的广泛运用体现了君子比德思想对园林的影响。可见君子比德思想对中国人的影响十分深远。

（二）中国传统神话思想

由于中国封建社会统治者对人民的压迫，苦闷不堪的人们开始寄希望于虚幻的神仙，希望他们能够解救自己。我国神话系统的来源就是当时的昆仑

---

① 李玉萍.试论园林绿化工程施工质量管理与控制[J].中国价值工程，2015，19（10）：92-94.

山和东海仙山。

昆仑山是中国文化的一种理想景观模式。东海仙山神话对中国园林发展影响较大，促进了秦汉时期皇家园林风景式发展。汉武帝在建章宫内开凿太液池，为了模拟神仙境界，在太液池中堆筑三个岛屿，象征瀛洲、蓬莱、方丈三仙山，首开"一池三山"模式之先河。一池三山成为中国传统园林的基本模式，并从汉代延续到清代，如颐和园昆明湖中的南湖岛、治镜阁岛和藻鉴堂岛。

四、国外传统园林设计中的情感因素

（一）日本传统园林设计中的情感因素

日本庭园的历史悠久，由于受中国蓬莱仙境的影响，在园中挖地造岛，旨在营造蓬莱仙境。除造岛外还在庭院中增加一些石灯、石制洗手钵等元素，使得庭院初步具有日本风格。石灯表示肃穆清净之感，石制洗手钵象征洁净的泉水。植物以绿色为主，开花植物较少，表达清心寡欲的心境，达到修行的目的。由于受到佛教的影响，日本庭园渐趋抽象。代表这倾向和时代的就是枯山水，一般由白色细碎砂石铺地，再点缀一些片石、苔藓、罗汉松等元素构成。枯山水一沙一世界的境界，表达了对宁静的向往。

（二）古埃及园林中的情感因素

埃及气候条件独特，从而形成了独特的埃及园林形式。古埃及园林可划分为四种类型：宫苑园林、圣苑园林、陵寝园林和贵族花园。这四种类型的园林在一定程度上是为了加强封建统治。宫苑园林为娱乐休闲所建，宫内造园元素丰富多样，如水池、花木、凉亭等。与中国不同的是，因为其地理位置，所以埃及人十分重视园林改善小气候的作用。树木庇荫的作用渐渐显现，树木和水体也成为他们重要的造园要素。

（三）古希腊园林中的情感因素

古希腊文明有它的独特性。希腊园林设计中有很多希腊神话的元素，如

雕塑、饰瓶、绘画、建筑等。早期的宫廷园林为王公贵族服务，内容形式丰富，喷泉、水池、饰瓶等有较强观赏性。由于民主思想的发展，出现了可供人们使用的公共园林。希腊人对树木也怀有尊崇心理，把树木作为礼拜的对象，神庙外围种植树林，称为圣林。文人园——哲学家的学园，主要是当时著名的哲学家们在露天环境中讲学，表明当时的文人对树木、水体等自然环境的喜爱。

风景园林见证了时代的历史与发展，用艺术将人和环境关系处理得和谐统一。风景园林在满足人们的基本功能需求后，渐渐发展，为满足人们的精神和心理需求，慢慢融入情感因素，使人们在景观中产生认同感、满足感、归属感等，寓情于景。

第四节　风景园林的植物配置与规划

在我国古代的时候，很多达官贵人以及商贾就已经开始使用怪石以及假山等对其家宅进行装饰，让自己的宅院能够呈现出一种闹市幽静的感觉。现代人在这个到处都是高楼大厦以及水泥地面的生活环境中对于回归自然的呼声也越来越多，这也在一定程度上加快了我国风景园林建设的发展，园林设计中植物配置的合理性是影响园林绿化效果的重要因素，因此在进行园林设计时一定要对其进行认真的分析和规划。

一、风景园林植物配置概述

风景园林植物配置是指提出园林中植物种植的方式以及种植的方案。对于园林中植物的配置，我国现在的学者专家有一部分认为，进行植物配置的时候应该设计成自然的形式，之后再让其根据自身的特点进行发展和演变，比如说像是丛林和森林等这种就是很好的例子，等到绿植发展到比较完备的时候，再根据周围的道路以及河流的特点，对植物的配置进行分析和策划。其中还有一部分专家则认为在进行风景园林植物的配置设计时，应该具有一定的规范性，应该参考我国建筑学的特点以及内涵来进行合理的规划，比如说可以参照我国古建筑的对称性。相对于前者来讲这部分专家在植物配置上更讲究和谐性、规范性。

二、园林植物配置的基本要素

（一）植物配置的内涵

园林植物配置不仅可以改善人们提供休闲场所和开展文化休闲活动的居住环境，而且可以创造一个人们可以参观欣赏的艺术空间。顾名思义，植物形态、乔木、灌木、藤蔓和草本植物将被用来创造景观，植物的自然美，如形状、线条和颜色，完美的植物景观，设计必须具有高度的科学性和艺术性的统一，即不仅符合植物与环境的生态适应性的统一，同时也体现了植物个体和群体的形式美和人们在艺术构思上的认识美，植物景观中的艺术创作是非常细腻和复杂的。诗情画意的山水表现，必须充分利用植物的形状、线条、色彩和肌理进行构图，通过考虑绘画的原理和古典文学的运用，通过改变植物的季节和生命周期，使它们成为一种有生命活力的构图。

（二）植物配置的基本要素

园林植物配置是园林规划设计的重要组成部分，根据生态植物习性和园林设计的要求，合理配置园林中的各类植物，发挥其园林功能和装饰功能。一年四季植物生长过程中，叶、花、果随季节变化。这些植物在开花、贮藏或变色时具有很高的观赏价值。园林植物组合应充分利用植物的季节性，不同气候区植物的季节性时间不同。同样在同一地区，气候是否正常也常常影响季节性出现的时间颜色。低温和干旱延缓了植物和树木的萌发和开花。例如，当昼夜温差较大时，树叶通常会变红。如果霜期出现得太早，叶子不会先变红脱落，也不会产生很好的秋色，土壤、自然保护等因素也会影响季节变化，这样季节变化可以人工控制。

三、风景园林设计中的植物配置主要形式

（一）按照实用美的规律配置植物

城市的基础设施，例如公园的园林设计，在公园内种植植物时，园林工程师就应该注意其重实用美观，因为公园是人们休闲和娱乐的场所，是日常活动不可或缺的地方。根据公园的位置，选择相应的三维空间结构模式，以"重地被，弱中层，强上木"立体空间结构模式构建植物景观配置的主要空间体系，满足了高停车容量、高密度人群对大量分布点和阴影的要求，满足了人们对自由空间、自由视野和快乐氛围的要求。植物景观设计可以在公园绿地中形成植物群落独特的空间艺术形式，不仅在视觉上自然生动，而且在高度和深度上，营造含蓄多样的植物群落，拓展公园空间，给人一种实用的美感。

（二）按照植物配置的美学原理进行植物造景

植物景观设计应具有多样性和统一性，这些美学概念有其自身的美学基础。为了体现景观设计的美景，综合美学概念，创造一个舒适的绿色环境，一些城市在活动区两侧选择了形态相似的植物，这是一个均衡的原则。进行植物配置设计不但是追求美，也是通过植物的功能进行利用，如空气净化，太阳遮蔽等，这也是中国园林的美学综合体现。现代城市景观不仅要创造良好的植物生态，而且要体现人与自然的统一，植物景观不是孤立的，它与居民、城市建筑和街道的生活需求紧密相连，和谐融合。[①]

（三）园林植物创造意境美

在风景园林中，除了传统文化和传统手段外，还应将植物景观与创新结合起来，在自然环境的背景下，创造和优化艺术理念，让人们置身其中。事实上，城市的每一个区域环境都是不同的，包括老城区、新城区以及居住区和商业区，在不同的环境中，植物景观的合理组合不仅丰富了植物空间的灵活性，也给人们留下了植物形态的美。

---

① 钟家辉.浅析园林绿化工程施工项目管理[J].科学技术创新，2014，24（11）：93-95.

四、风景园林设计中的植物配置方法

（一）生态环保为设计基础

生态与环境保护是当今发展的主题，园林建筑师应是这一发展的重要代表之一。这就是为什么现代园林不仅要追求人的参与，更要追求自然的生态特征。为了满足人类回归自然的心理需求，植物景观不仅要为人类所享受，而且要为人类创造适宜的生态环境，二氧化碳的吸收具有生态效应、释氧、降噪、节水等作用以及土壤保护、空气净化、温度、湿度和灰尘的调节，这就要求我们在种植之前，要熟悉不同园林植物的生态习性和不同的抗性，科学选择植物品种，最大限度地发挥不同植物的生态功能。

（二）植物配置的空间设计

不同的场合对系统配置有不同的要求。商业区的植物必须笔直美观，高贵大方，在靠近店门的一些地方，门是盖不住的。因此，不应选择过于茂盛的树木，而应选择外形娇嫩、枝叶不太茂盛的高大挺拔的植物。居住区的环境要求较高的植物，除了绿化和美化环境外，最重要的是为居民提供了一个每天在室外工作的场所，根据不同的空间条件，设施的分布应该是不同的。相对而言，植物在群落中的分布相对丰富，叶、灌、花、草的结合创造了一个精致、生态、健康的自由空间。

（三）植物配置的环境功能设计

园林植物的布局应根据设计和景观设计理念的不同而有所不同，如在设计公园时，应根据规划的有效性对园林进行划分，在园林设计中，对植物要区别对待，如果主入口采用"先抱后抬"或"到点"的设计方法，公园内的植物配置也应根据不同的区域设置不同的植物位置，儿童活动区的植物布置应色彩鲜艳，层次适当，不受阳光照射；老年活动区应配置密集植物和创造安静的休闲空间；运动区植物配置要公开透明，满足运动需要；文化娱乐区有密集的建筑，要有能够美化建筑的植物，营造文化教育、体育和娱乐的氛围。

（四）植物配置要考虑季节

要注意随着季节的变化而改变装饰效果，植物装饰美化环境不仅要注意同一季节不同植物的形状和颜色的差异，也要注意同样的植物会随着季节的不同而发生变化，比如叶子变黄、落叶、开花、结果等，应充分了解植物的季节变化，风景名胜区应注意植物的季节性变化，向人们展示植物在不同季节的不同效果。

城市园林可以实现社会效益和经济效益，生态园林设计中的植物设计是一项长期复杂的综合性、系统性工程，植物设计和园林规划应始终受到公众的关注。设计上要经常进行科学严谨的分析和实地调研，然后制定各种园林植物的协调策略。要充分考虑城市的地理位置、民俗、城市建筑、气候等因素，实现人与自然的和谐共处。

第六章　园林景观的概念与发展趋势

第一节　园林景观的概念与研究范畴

一、园林景观的概念

"园林"一词起源于魏晋，广泛出现在西晋（约公元200年），在《洛阳伽蓝记》中有较多的文字记录。按照园林的属性，花园又被称为园苑、园亭、园池、山池、池馆、别业、山庄等，其本质是指在特定的区域内，利用和改变自然景观或人工的地形地貌，再加上种植的植物、建筑的布局，形成一个供人们观赏、休闲、居住的环境。从广义上说，城市公园绿地、庭院绿化、风景名胜区、区域性绿化、地域景观开发、荒地绿化等都是城市绿化的范围或范畴；从狭义上说，中国传统园林、现代城市园林、各类园林专用园林均被称作园林。"景观建筑"（Landscape Architecture）这个术语起源于美国1900年建立的地球建筑学科。1986年，美国哈佛大学召开的"大地计划"国际学术研讨会，对景观建筑做了清晰的论述，并将其研究的焦点扩展到土地使用、自然资源经营管理、农业地区的发展和变迁、土地生态、城镇和都市的风景等。西方的景观研究概念，如今已经延伸到"地球表层规划"，国内部分学者认为"景观"与"园林"是等同的，但实际上，现代园林的发展已经超越了其本身的内涵，因此，这种观点颇具争议。

本书认为，园林景观是指土地及土地上的空间和物体所构成的综合体。它是复杂的自然过程和人类在大地上活动的烙印，是多种功能（过程）的载体和视觉审美过程的对象，是人类生活的空间和环境的重要组成部分，是一个具有结构和功能、内在和外在联系的有机系统。

二、园林景观的研究范畴

园林景观设计是一门综合性的边缘学科，它的目的是通过运用艺术与技术的方法恰当地处理自然、建筑与人类的活动之间的关系，从而使各个生态系统之间和谐统一。俞孔坚进一步拓展了这一概念，其认为："园林"是一种美，是一种栖息地，是一种结构与功能的系统，是一种符号，是一种地方的自然与人文精神。

从研究范畴来看，本节从微观的角度来看，园林景观主要包括：城市的广场、街道、建筑环境、庭院设计、城市公园、园林设计；从中观的角度来看，园林景观可以将其解释为：对工业遗产的重新开发、对文化遗产的保护与开发、对历史遗迹的保护与发展、生态保护与生态治理等方面的景观规划，以及对城市进行大规模的景观改造与更新；从宏观的角度来看，园林景观主要包括：对自然景观进行经济开发、旅游资源的利用、自然环境的渗入、城市绿地系统的建设、休闲活动的区域绿化等。

第二节　园林景观风格及类型

园林景观在漫长的发展进程中，由于世界各地自然、地理、气候、人文、社会等多方面的差异，逐步形成了多种流派与风格，也形成了不同的类型与形式。从世界范围来看，主要有两大体系，即东方自然式园林和西方几何式园林。园林景观的分类由于历史演变、自然地理、人文风情不同，有多种分法，但从整体来看，可分为两大类：一是以自然景观为主的园林；二是以人工景观为主的园林。

一、园林景观风格

（一）东方自然式园林

东方自然式园林又称风景式、不规则式、自由式、山水派园林，中国古典园林是其主要代表。中国自周、秦开始，到汉、隋、唐、宋、元、明、清，从大型园林（元、固、园）到宅旁小园林（花园、庭院），在长期的实践中形成了自己的体系，有完整的理论构架和明显的风格特点。以自然美为基础，提炼和概括优雅的自然景观作为人工造园的题材，并提出因地制宜、效法自然的自然风景理论，并有大量的实践活动。唐宋以来，在史、地文献，文学、诗词、绘画中都有一些零散论述，其中以《园冶》一书为代表，是中国古典园林造园理论体系成熟的标志。从实践来说，我国北方的颐和园、承德避暑山庄、北京恭王府园和南方的苏州、扬州等地的私家园林（如拙政园、网师园、狮子林、留园、瘦西湖、个园等），都可作为典型事例来说明中国东方园林的理论体系。

公元18世纪后期，中国自然式园林理论，又传到英国引起了欧洲几何式园林体系的改革。公元1743年，法国教士王致诚称中国北京"圆明园"是"万园之园、唯此独尊"，可见那时以中国为代表的东方园林体系在世界上的重要地位。

（二）西方几何式园林

西方几何式园林又叫整形式、规则式、图案式或建筑式园林，以埃及、希腊、罗马古典时期庭院为代表。到18世纪英国风景式园林产生以前，基本属于几何式园林体系，形成了自己的理论及显著特征。

西方古代造园中除一些特例外，大都是取坐落在建筑物之中的"中庭式"构造，庭院在空间上完全受制于建筑物，从法老的庭院开始到庞贝的列柱中庭均属此类，前者处于建筑物同厚的高墙之中，后者则用柱廊围成。中世纪以后，与基督教有关的修道院庭院也是中庭式，属于回廊式中庭。此外，中世纪时期在西班牙出现的称为"帕蒂奥"的伊斯兰式庭院也没有越出中庭式的范围。不久，随着中世纪的结束，意大利的文艺复兴文化放射出灿烂的光辉，与此同时，造园也从过去的中庭式一跃而为"意大利式"（有"建筑式"之称）。自进入意大利式庭院时代开始，庭院才从昔日封闭的中庭中解放出来，而且还身居高台之上，便于人们眺望风景；不规则的风景式造园一举取代了规则式造园，登上历史舞台。随着时间的推移，在风景式造园中又分化出布朗派与绘画派这两个各持己见的派别。

英国出现的风景式造园，在很大程度上受到以中国为代表的东方园林体系的影响，并将之发展成为自由与规则相结合的折中式造园方式，在19世纪盛行一时。此后，随着社会的发展变化，这种仅满足贵族阶级享用的大庭院逐渐被平民阶层家庭生活的具有实用功能的小型庭院所取代。在美国，风景式造园思想经道宁和奥姆·斯特德两人的倡导，对私人住宅及城市公园的设计产生了巨大的影响。这种思想提高了人们关注乡土风景的意识，同时还促成了保护和利用乡土自然风景运动，直至美国先于别的国家创造了国家公园，奠定了现代景园建筑学的基础。

二、园林景观的类型

园林景观的分类方法有很多，就世界范围来看，可分为东方自然式和西方几何式两大类体系。相对而言，以中国古典园林为代表的东方园林类型更为全面一些，更具有典型和代表性，下面以中国古典园林为例，对园林景观的类型做一介绍。

（一）按园林景观的布置形式及开发特征分类

按照园林景观的平面布局形式及开发特征，西方园林景观按历史年代的发展形成了中庭式、勒·诺特式（几何式）、风景式、现代综合式等类型；中国则形成了人工山水园和天然山水园两大类型。

人工山水园，即在平地上开凿水体、堆筑假山，人为地创建山水地貌，配以花木栽植和建筑营构，把天然山水风景缩移摹拟在一个小范围之内。它们的规模从小到大，包含的内容亦相应地由简到繁。一般说来，小型的人工山水园在0.5~3hm²，3hm²以上的就算大型人工山水园了。

天然山水园一般建在城镇近郊或远郊的山野风景地带，包括山水园、山地园和水景园等。规模较小的利用天然山水的局部或片段作为建园基址，规模大的则把完整的天然山水植被环境围起来作为建园的基址，然后再配以花木栽植和建筑营构。基址的原始地貌因势利导，做适当的调整、改造、加工，工作量的多少视具体的地形条件和造园要求而有所不同。建造天然山水园的关键在于选择基址，如果选址恰当，则能以少量的花费而获得远胜于人工山水园的田园风景之真趣。人工山水之缩移摹拟天然山水风景毕竟不可能完全予人以身临其境的真实感，正如清初造园家李渔所说的："幽斋磊石，原非得已，不能置身岩下与木石居，故以一拳代山、一勺代水，所谓无聊之极思也。"

（二）按园林景观隶属关系分类

按照园林景观的隶属关系来分类，中国古典园林也可以归纳为若干个类型，其中的主要类型有三个：私家园林、皇家园林、寺观园林。

1.私家园林

属于民间的官僚、文人、地主、富商所私有，古籍里面称之为园、园庭、园墅、池馆、山池、山庄、别墅等，大抵都可以归入这个类型。

中国的封建时代，"耕、读"为立国之根本。读书的统治阶级知识分子掌握政治、经济、文化命脉，其中一部分成为官僚，一部分则成为文人；以此两者为主体的"耕、读"社区，即是封建社会结构的基本单元。官僚机构的成员，即官僚士大夫，由地主阶级知识分子中征辟选考而来。"学而优则仕"，文人与官僚合流的士，居于"士、农、工、商"这个民间社会等级序列的首位。商人虽居末流，由于他们在繁荣城市经济和保证皇室、官僚、地主的奢华生活供应方面所起的重要作用，大商人积累了财富也相应地提高了社会地位，一部分甚至厕身于仕林（如后期的捐官制度）。官僚、文人、地主、富商兴造园林供一己之享用，同时也以此作为夸耀身份和财富的手段，而他们的身份、财富也为造园提供了必要的条件。至于广大的劳动人民，迫于生计，衣食尚且艰难，当然谈不到园林的享受了。

　　建置在城镇里面的私家园林，绝大多数为"宅园"。宅园依附于住宅作为原主人日常游憩、宴乐、会友、读书的场所，规模不大，一般紧邻邸宅的后部呈现"前宅后院"的格局，或位于邸宅的一侧而形成旁院。此外，还有少数单独建置、不依附于邸宅的"游憩园"。建在郊外山林风景地带的私家园林大多数是"别墅园"，供园主人避暑、休养或短期居住之用。别墅园不受城市用地的限制，规模一般比宅园大一些。

　　2.皇家园林

　　属于皇帝个人和皇室所有，古籍里称之为苑、宫苑、苑囿、御苑等。

　　中国古代的皇帝号称天子，奉天承运，代表上天来统治环宇。他的地位至高无上，是人间的最高统治者。严密的封建礼法和森严的等级制度构筑成一个统治权力的金字塔，皇帝居于这个金字塔的顶峰。因此，凡属于皇帝有关的起居环境，如宫殿、坛庙乃至都城等，莫不利用其建筑形象和总体布局以显示皇家的气派和皇权的至尊。皇家园林尽管是摹拟山水风景的，也要在不悖于风景式造景原则的情况下尽量显示皇家的气派。同时，又不断地向民间私家园林吸取造园艺术的养分，从而丰富皇家园林的内容、提高宫廷造园的艺术水平。再者，皇帝能够利用其政治上的特权和经济上的雄厚财力，占据大片的土地来营造园林，无论人工山水园或天然山水园，其规模之大远非私家园林可比。历史上的每个朝代几乎都有皇家园林的营造，它们不仅是庞大的艺术创作，也是一项耗资甚巨的土木工程。因此，皇家园林数量的多寡、规模的大小，也在一定程度上反映了一个朝代国力的盛衰。

　　3.寺观园林

　　即佛寺和道观的附属园林，也包括寺观内外的园林化环境。我国古代，重现实、尊人伦的儒家思想占据着意识形态的主导地位，无论外来的佛教或本土成长的道教，群众的信仰始终未曾出现过像西方那样的狂热、偏执的激情。在这种情况下，宗教建筑与世俗建筑不必有根本的差异。历史上多有"舍宅为寺"的记载，梵刹紫府的形象无须他求，实际就是世俗住宅的扩大和宫殿的缩小。就佛寺而言，到宋代末期已最终完成寺院建筑世俗化的过程。它们并不表现超人性的宗教狂迷，反之却通过世俗建筑与园林化的相辅相成而更多地追求人间的赏心悦目、恬适宁静。道教历来模仿佛教，道观的园林亦复如此，从历史文献上记载的以及现存的寺、观园林来看，除个别的特例之外，它们与私家园林几乎没有什么区别。

寺院内建造独立的小园林正如宅园的模式，也很讲究内部庭院的绿化，多有以栽培名贵花木而闻名于世的。郊野的寺、观大多修建在风景优美的地带，周围向来不许伐木采薪，因而古木参天、绿树成荫，再配以小桥流水或少许亭榭的点缀又形成寺、观外围的园林化环境。正因为这类寺的观园林及其内外环境的雅致幽静，历来的文人名士都喜欢借住其中读书养性，帝王以其作为驻跸行宫的情况屡见不鲜。

私家园林、皇家园林、寺观园林这三大类型是中国古典园林的主体、造园活动的主流。除此之外，还有一些非主流的园林类型，如衙署园林、会馆园林、书院园林、祠堂园林以及茶楼酒肆的附属园林等，相对来说，它们数量不多，内容大都类似私家园林。城市街道绿化最早见于汉代的史载，但在封建时代仅限于个别都城，而且数量微乎其微。

我国传统的风景名胜区作为区域综合体，既有自然景观之美，又兼具人文景观之胜。它的四个构景要素——山、水、植被、建筑——与园林的四个造园要素相同。前者是经过有限度、局部的人工点缀的自然环境，一般不存在明确的界域，山、水、植被均为天然生成而未经人为调整、改造，建筑的总体布局由千百年的自发形成而非自觉的规划。

（三）按园林景观的地域分类

一般来说，在世界范围内按地域划分了东方、西方、欧洲三大古典园林景观类型。由于中国地域广阔，南北气候差异较大，经济与文化发展不一，按照不同的地域特征，中国古典园林景观又可分为江南园林、北方园林、岭南园林、巴蜀园林、西域园林等各种形式。其中，江南园林、北方园林、岭南园林代表中国古代造园的最高水平，它们各自造园的要素、用材、技法、形式、布局特点等均有较大的区别。

（四）按园林景观的使用性质分类

历史上的园林景观按使用性质又可分为：以自然环境结合的风景游览园林与城市结构体系相结合的城市型园林；独立的大型皇家人工园林；馆院衙署寺庙园林、庭园；宅第庭园、花园等。现代园林景观已发展为城市公共绿地、街坊绿地、居住小区绿地、防护绿地、工业企业绿地、风景园林六大类，二十多种类型的绿地。

1.以自然环境结合的风景游览园林

这类园林大多是根据历史及自然地理的有利条件为基础而成型的，一般以自然风景为主题，辅以适当人工建筑及景物。例如，历史上以湖面风光为主题的杭州西湖；以自然山色为主题的河南嵩山（五岳之一）；北京的香山、西安的翠华山、安徽的黄山、四川的峨眉山、青岛的崂山等。这种园林历史悠久，在我国分布较广，有五百余处。

2.与城市结构体系相结合的城市型园林

这种类型园林的特点是充分注意地方环境，善于利用城市用地的自然条件，如山林、绿地、水系、地形地貌等，使城市功能布局结构与之紧密结合。由此便出现园林贯穿于城市之中、园林紧靠城市一侧或近郊、园林居中城市相绕等整体布局结构，中国自古以来保持这种结构类型的大中小城市颇多。例如，城中有三海园林贯通的北京城；水、绿、路网（带）绕城的扬州、苏州、合肥；湖面园林在城市一体侧的济南（大明湖）、西安（曲江池）、广州肇庆（七星岩）、陕西凤翔（董虎），以及我国小城镇新会等，都使园林与城市结构紧密结合，构成优美的城市环境。

3.独立的大中型人工园林

此类园林，在历史上多数为封建统治者的园、囿、郊区山庄、别墅等。大多分布在市区、郊区、风景名胜区。这类园林在1949年后被改为人民公园，多组织在城市园林绿地系统之中。这类园林的特征是：人工造园所占比重大；巧于对地形、河湖水面等自然条件的利用；精于园林景观的空间组织、建筑布局、细部装修等；多具有民族传统和地方园林风格；对大中型现代文化休闲公园设计，颇有借鉴价值。例如，北京的颐和园、北海，承德避暑山庄，河南百泉园，苏州拙政园、留园，陕西兴庆宫园、凤翔东湖，扬州平山堂、瘦西湖等。

4.馆院衙署寺庙园林、庭园

这类庭园大多结合建筑庭院和建筑功能，根据使用性质、宗教意识等要求，确定各自的布局。它们的共同点是以四合院建筑空间尺度为条件进行植物种植、山池组景、布置小品建筑。自周原发现四合院组群布局以来，又发现气候条件等不同，各地的四合院的尺度比例也各有不同。例如，陕西关中多窄四合院；城固、洋县一带和北京多为方形宽四合院。前者重铺面以遮阳降温为主；后者阳光充足，利于防潮通风以花木种植为主，和民居有些类似。衙署寺庙有时殿高院阔，如保存至今的秦岭张良庙花园；西安广仁寺，大、小雁塔庭院；陕西的汉台、武侯祠；山西的晋祠；河南的中岳庙、少林寺等。在庭院中多有树木、石雕盆座、桌凳、石凳等小品建筑，以及小型池泉、石螭吐水、假山瀑布等景物，院内铺面整洁美观。这类园林庭园是很好的传统庭院艺术，对我国现代旅游建筑和各种公共建筑的庭园设计有着广泛的参考和借鉴意义。

5.宅第庭园、花园

历史上形成的住宅庭园，从功能方面可分为三种类型。一是以居住结合生产为主的庭园，如唐代诗人韩愈描写他在唐长安城的住宅庭园中"……松果连南亭、外有瓜芋区"，农村住宅庭园多属此型；二是以居住结合休息为主的庭园，如韩愈所写"庭内无所有，高树八九株。有藤娄络之，春华夏阴敷"，这种类型庭园多与四合院住宅布局结构紧密结合，并分主庭（中庭）、前庭、侧庭、后庭；三是居住结合学习（读书）、会客、观赏为主的庭园，即宅旁园林、北方的后花园等型，如苏州的鹤园和艺圃园、北京的半亩园和桂春园、陕西汉中的康家花园等都属此类型。而从布局和地方风格方面看，南方住宅庭园，其建筑与庭园、室内与室外结合密切，布局松散灵活；北方四合院形式，布局严谨；西北住宅庭园，常与窄四合院结合，面积空间紧凑，主题景物简练有致；农村庭园，则重视前庭的布局，路侧铺以麦冬草，园内选植低丛植物，风格质朴幽雅。

6.城市街道、广场、湖池护岸的种植

我国在公元前200年左右，秦代已有道树种植，如汉书中"秦为驰道于天下……道广五十步，三丈而树，……树以青松。……"《三辅黄图》记载汉长安城中的八街、九陌、九市中栽有槐树、柳树。唐长安时，据诗记载"绿槐十二街"（韩愈）"青槐夹驰道"（杜甫）"缆侵堤柳系，幔卷浪花浮"（杜甫）"御沟新柳色，处处拂归鞍"（刘禹锡）。以上说明松树、槐树、柳树、杨树等是我国西部城市街道、护岸的传统种植树种。

第三节　现代园林景观的发展趋势

一、现代园林景观的功能延展

（一）满足人的基本活动需求和注重公共参与

园林设计以人为主体，以人为本，以人的行为规律和审美需要为人提供良好的工作和休息环境。一方面，在保护人们身心健康的同时，应兼顾不同层面的用户需求，为老人、儿童和残疾人提供特殊的空间。同时，也应该积极提倡市民体验，这就是城市休闲娱乐理论、城市体验理论。其特点是以休闲娱乐、鼓励参与的交互性方式，让人们在公共环境中得到快乐，在休闲和参与的环境下，个人的行为得到最佳的改善。同时，人的公共参与也将完善某些景观雕塑作品，使人的动态行为成为作品展现的一个重要部分。

在体验设计的驱动下，城市的公共空间将越来越多地被用来修建融合了文化与零售的大众休闲场所。美国迪斯尼公司是体验娱乐设计的先驱，它创造了动画片世界和世界上第一个主题公园，其根本就是给顾客带来具有美好回忆的快乐体验。迪斯尼在主题公园内部创造了环境的一致性和迷人体验。而中国城市体验设计的一个成功典范则是上海外滩，它已由纯粹的对外开放金融区改造为城市体验的景点，在这里，人们可以游览、聚会、餐饮、摄影、练功、休闲、听音乐、读报纸，眺望隔江的东方明珠电视塔、陆家嘴和正在升起的高层建筑景观。

（二）生态调节作用

在世界亟待解决人口与能源、环境等问题的当代，生态学课题得到了空前的重视，其研究结果被广泛应用。总结园林景观的生态效应有如下几点：

第一，降低噪声；

第二，提高相对湿度，降低温度；

第三，具有抗污染、净化空气的功能；

第四，具有防风和调整空气流动的功能；

第五，具有遮阴、防辐射的功能；

第六，发挥对环境的监控功能；

第七，降低土壤侵蚀、改良土壤；

第八，调整氧气（O_2）以及二氧化碳（CO_2）之间的平衡；

第九，为维护生物多样性、维护生态平衡提供植物生境；

第十，创造一个良好的视觉效果，提高周围环境的观赏性。

在对园林景观生态化的影响进行深入的分析和研究后，许多国家在城市的发展过程中，将其定位为生态城市，在滨水区中，利用大片的天然风景来调整生态，并在地价昂贵、高楼林立的都市中心地带，建立起一个生态缓冲区。当前，重视生态环境的自然形成已经是一种不可避免的发展潮流。

（三）主题宣传与教育功能

校园景观可以使师生身心愉悦，是学校按照自己的办学理念、规模、特色，人为地营造的具有欣赏价值、激励作用和感染力的景观。从广义上说，它包含了静态的造型艺术景观，也包含了学校师生在校园中所演绎的各种动态的活动和生命现象。从狭义上讲，具体包括：建筑工程艺术景观、文物文化艺术景观、生态景观等。优美的校园景观以美的可感性、愉悦性陶冶学生的情操，传承独特的校园文化，构筑并丰富校园的审美空间，承载"润物细无声"的育人重任。

对产业景观的生态改造在一定意义上也起到教化育人和传承历史的作用。产业景观是工业革命时期的工业、仓储、运输等，具有一定的历史文化价值和可再生利用价值的工业用地，而不是一般的工业用地。与世界上许多国家相同，后工业时代的来临使我国传统工业生产场所逐渐转向城市的外围，导致城市中遗留下大量的废弃工业场地，如矿山、采石场、工厂、铁路站场、码头、工业肥料倾倒场等。它们虽然失去了存在的作用，但是却在城市的建立与发展中功不可没。

同时，名胜古迹作为人文景观的代表，也起着教育宣传的持久意义，其主旨是追忆、展示和传颂本民族本地域优秀的传统和文化。对古迹的"修旧如旧"，以及运用景名、额题、景联和摩崖石刻等赋予自然景物以文化表达的做法，在无形之中将地域文化和人文环境融入园林景观设计当中，这不仅带来了巨大的旅游资源，而且使得子孙后代更加了解自己生长的土地孕育的文化，更向外来者宣传了地方的特色历史文化。

即使是一般人群聚集的广场绿地，教育作用也无处不在，它可以是直接的文字指示，也可以是间接的潜移默化的环境暗示。总之，园林景观不可回避地担当着重要的教化职能。

（四）乡土景观及历史文脉的保护与延续

"乡土风景"是当地居民为生存所采用的一种适应自然进程、土地与土地形态的方法，它体现了当时人们的生存状态。它主要包括以下两个关键点：一是适合当地的自然环境和土壤；二是适合生存与居住的本地人。二者缺一不可。这是俞孔坚的一种较为宽泛的诠释，而现今使用得最为直接的现代园林景观设计的方法则是对本土植物的使用。

本地的本土树种，不但易于适应气候环境，易于成活，成本低廉，更在不知不觉中对当地的历史、风俗习惯产生了深刻的影响。这也是公园设计的最大特色之一，它将一些被人们看不起的水生、湿生、旱生的野生植物运用到公园里，表达出一种新的价值观和审美观念，让人们尊重大自然，培养生态文明，创造出独特的乡土景观。俞孔坚在沈阳建筑大学校区景观中，以东北水稻为素材，设计了一片校园稻田，这一大胆的设计是根据对场地的充分考察，结合地域现状和地域文化做出的成熟设计；是用最普通的、经济、高产的材料，在一个当代的校园去演绎文化、历史的可持续性，演绎生命和生态的可持续性。

乡土景观也是地域文化和历史文脉的积淀。中国的文化遗产保护理论已经过了几十年的研究，但是囿于特定国情，文化遗产的保护一直处于被动的"保"的状态，历史文脉在当代生活中的角色和地位，一直未能得到重视。保护历史文脉的关键是保存它的真实性，即保证它能完整、全面、真实地传承它的历史和文化信息。该范畴应进一步延伸至以土地伦理与风景保护为起点，对具有历史意义的地域文化景观格局进行保护，以实现生态景观的可持续发展，达到文化与自然的融合。

二、现代园林景观的革命性创新

（一）时代精神的演变

自工业革命后，随着城市化进程的不断加快，人类社会对城市的生态环境造成了巨大的损害。19世纪中期以后，美国奥姆斯特德的"城市公园运动"为近代园林景观设计提供了明确的方向，使得传统园林摆脱了王权和贵族的控制，实现了园林设计的开放性。

中国园林由传统的园林向现代的开放空间演变，其内涵也从单纯地满足文人雅士的美学心理向普通人群提供更多的价值方向转变；在财产属性上也有了转变，从私有制到"产业"性质的转变；形式上的改变也越来越丰富，从而构成了以开放、大众化和公共性为特征的现代化园林景观设计。

（二）现代技术的促进

现代技术，不但可以让我们轻松地感受大自然的美丽，还可以为我们创作出超自然的人间奇景。这不但使我们的造景方式和素材得到了很大的提高，而且还为我们引入了一种新的审美理念——"景观技术美学"。

从广义角度来说，现代园林的造景素材通常是以硬、软两种形式区别开来，而在现代园林景观的设计中，造景素材的内涵和外延则被大大拓展和深化。在硬质景观中，使用了混凝土、玻璃和不锈钢等不同的造景素材。在软质景观中，则使用了大量的热塑性塑料，合成纤维，橡胶和聚酯纤维，使原有的风景面貌发生了根本性的变化；而现代无土壤景观的出现，也促成了可移动园林景观的产生；随着现代灯光技术的迅速发展，一种全新的"夜景观"也应运而生。同时，将生态技术引入园林设计中，使得园林设计师从单一的景观设计中解脱出来，更多地将园林景观视为一个整体的生态系统，并综合考虑其对周围生态环境的影响。

（三）现代艺术思潮的影响

园林景观一直以来都是科学与艺术并存的产物。20世纪20年代，在现代科学技术的支撑下，一群现代建筑设计师开始把现代艺术融入景观设计当中。从高更、马蒂斯、康定斯基等人的"热抽象派"开始，抽象就是近代美术的基本特点；20世纪的前半期，从表现主义到超现实主义，可以说是两股不同的景观设计思潮：一种是抽象主义，一种是超现实主义；在后半叶之后，由于技术的发展与完善，新的艺术理论，如解构学等，一大批真实的、超现实主义的风景名作相继涌现。20世纪60年代至70年代，历史主义、文脉主义在风景园林中产生了重要的影响，与此同时，极简主义、波普艺术等多种当代艺术风格在当代园林创作中都有体现。与其他艺术潮流相比，20世纪60年代后期开始的大地艺术是一种真正意义上的"新"的风景园林设计。"大地艺术"之所以能够有这么多的突破，是因为其对极简主义抽象简单的造型形式和观念艺术、过程艺术等理念的传承。简而言之，当代园林设计很少受单一的艺术观念的影响。而正是由于各种艺术的交汇，使得它呈现出多元化风格。

三、园林景观的未来

现代园林设计发展的多元化是世界性、全球化的进程使全世界共享经济技术进步的成果，也使各个国家和地区更注重自己独有的地域文化特征。

现代园林的发展趋势总体概括起来说有：生态自然化、多学科交融、更广阔的范围、文化继承与发展。

（一）园林走向自然生态美

生态科技的发展是促进今天园林景观设计的重要动力，未来的园林密切联系着生态科学。园林场地中天空与植物的关系、植物与土壤的关系、土壤与微生物的关系以及融在这个空间中的人类、动物、建筑物、构筑物、园林设施等相互之间的关系所形成的生态伦理关系，这种关系又导致了整个场地生态环境的相对稳定，保持着这个场地在更大城市范围的生态地位。这些生态研究将是未来园林规划设计必须考虑的因素，为创造更具生命力的园林场所提供理论依据。生态设计的得以贯彻执行需要将场地当作一个整体给予考虑。设计师不仅在公园中设立自然保护地，保护有生态意义的湿地与水系，在人工环境中种植未经驯化的野生植物，而且在整个设计过程中贯彻生态与可持续思想，从选址、项目选择、开发方式到分期建设、过程监控都极其注重生态演进过程。[①]

大力推行植树造林，保护和增加林草植被，建立以森林植被为主体、乔灌草相结合的国土生态安全体系，是有效缓解温室效应，减少水土流失，保持生物多样性，维护生态平衡的治本之策。我们应努力追求林在城中、城在林中、村在绿中、人在景中的新境界，为广大人民群众创造一个优美、清新、健康、舒适的人居环境，建设一个融人文景色和自然风光于一体的森林式、环保型、园林化、可持续发展的生态城市。

（二）园林走向多学科交融发展

社会的发展造就了行业的细分，园林作为城市环境创造与改善的主导行

---

① 周向频.当代欧洲景观设计的特征与发展趋势[J].国外城市规划，2004（12）:55-63

业之一包含了几十种专业的交融与汇集。园林学科所涉及的专业有生态学、形态学、文学、行为心理学、植物学、土壤学、建筑学、城市规划学、材料学、美学、工程学、哲学等。随着社会的进步、人类对环境要求的提高，要求园林景观具备多重功能与审美需求，并满足生态伦理需求以最大限度的和谐自然、满足人们的日常生活功能使用和一切审美意识的要求。

（三）园林走向更广阔的范围——大地园林化

现代园林的范围从传统的城市环境中扩展到城市郊野以及更大范围的乡村山林。以城市大园林的布局方式构造城市"分散集团式"的城市布局和市级城镇体系，形成由中心市区—绿化防护绿地（绿化隔离带）—边缘集团—卫星城—小城镇所组成的现代城市形态规划体系。从城市到城乡过渡带再到乡村，采用大尺度园林规划的手法，实现大地园林化。在这里，园林不再是传统习惯上被认为的建筑的附属品，园林绿化已成为现代城市空间的优化者，是制约城市环境质量的一项重要建设，其建设内涵、功能和技术都具有独立的行业特征。

（四）园林走向传统文化的继承与发展

传统文化的延续与发展是园林进行"文化建园"的实质内涵。深刻的传统文化识别能力同普遍的园林需求相结合，就可造就园林精品。这里所谓的"文化能力"，指园林设计师继承和发展传统园林文化的创造能力，"园林需求"则指人们在园林空间中所产生的行为和精神上的需求。当然，园林艺术所要表现的生活内容，是比现实更集中、更概括、更理想化的，它会省略很多细枝末节。重要的是园林要更典型地反映一定时期、一定地域的生活理念，从许多具体传统文化中舍弃个别非本质属性，抽取共同本质属性，将物体造型简化、概括，提炼具有象征意义的园林符号。

（五）园林走向信息化、科技化

计算机的引入使园林走向了信息化与科技化时代，通过各种制图软件的使用可以逼真地模拟未建成的园林景观让设计方案变得更加直观、生动，增强了设计方案的感染力，同时也为全民监督提供了可能；原始的图纸需要大量的空间进行堆放，而现代科技只需拇指大小的电子存储器就可以容纳数以万计的各种图纸；网络的出现使虚拟的加工厂、营销公司大量出现，为异地交易提供了可操作的平台，各种各样的苗木信息可以通过互联网得到共享，各种设计方案可以通过网络平台互相交流，互联网的出现为园林走向信息化提供了可能；GIS地理卫星定位系统，为园林现状的调查提供了更科学的手段，通过卫星判读可以快速而准确地调查现有的园林资源为下一步的规划研究提供充分的依据。

工业技术的发展促进了景观建筑中新技术美学的出现，使其能够更好地展示高精度的当代工程技术。工业技术不仅赋予景观设计以动态，带来无拘无束的新装饰语言和动感视觉，而且有实际效益，人造草坪、塑造植物、钢结构棚架的出现，带动了即时性、消费性、装配性景观，为更广阔的室内外空间绿化提供了可能，使普通公众也可以成为改造环境、把自己想法付诸现实的设计师。[1]

（六）园林走向全民运动

园林是一项全民运动，它可能是社会的共同理想，也可能是对现实生活的某种必要的修正和补充，而对于今天来说，它首先要为人们建立更文明更健康的生活方式，起一种倡导和示范的作用。要充分发挥舆论导向、监督和推动作用，以广大群众喜闻乐见的形式，多渠道、多层次地开展城市绿化科普知识、生物多样性保护知识以及城市绿化法律法规知识的宣传，动员广大群众积极参与绿化建设，传播绿色文化。

未来的园林从学科包含内容、从所涉及的范围领域、从牵扯到的艺术文化、从与现代化高科技手段的接轨、从社会价值的取向方方面面中突出了遍地开花繁荣的景象，呈现横向、纵向立体发展的趋势。

---

① 郑智聪，赖钟雄.浅析中国园林新的发展思路[J].福建农林大学学报（哲学社会科学版），2006（9）:89-92.

第七章 园林景观规划与园林景观设计概述

第一节 园林景观规划相关概念

一、园林景观建筑

园林景观建筑是园林景观建筑师运用地形、植物、组合材料等创造的具有各种用途和条件的空间，园林景观建筑学则是对天然和人工景观元素进行设计并使其统一的艺术和科学。

理想的园林设计景观应该是自然景观与人文景观的有机结合。园林设计本身就是一种人为设计的自然景观，它的主要作用是为人们提供游览的场所，为人们提供优雅的自然环境。景观建筑是整个园林设计中一个必不可少的特色景观，它不仅丰富了园林景观，而且也为游人提供了使用的便利，景观建筑是园林设计中必不可少的一项景观与公共服务设施。

（一）园林建筑分类

1.庭院建筑

能围合成庭院空间而形成相对独立或独立的庭院的建筑。

2.风景游览建筑

园林景观建筑大部分都属于这一种，具有实际的使用功能。

3.交通建筑

在游览路线上的码头、桥梁、阶梯、道路等。

4.城市景观建筑

城市小品、公交站点、城市雕塑等其他具有风景园林功能或风景园林范围内的建筑。

5.建筑小品

包括露天陈设、家具、点缀物。

（二）园林景观建筑的作用

园林景观建筑的作用主要包括观景、点景、组织游览路线、限定空间等作用，具体如下：

1.观景

观景就是观赏风景，把建筑物设计为观赏景观的场所。作为观赏园内外景物的场所，一栋建筑常常会成为画面的主题，而游廊和一组建筑物相连成为景物的观赏线。所以，它的朝向、位置、封闭或者开敞等处理，都是取决于观景的需求。

2.点景

点景就是点缀风景。指建筑与山水、其他建筑或与植物，甚至建筑本身组成的风景图画。通常情况下，这些建筑物都是这些画面的重点，也是优美风景的重要组成部分。重要的建筑物一般会成为景观中的构图中心。城市景观或风景园林的风格也在一定程度上取决于建筑的风格。

3.组织游览路线

园林建筑往往有着起承转合的作用，当人们的视线接触到某处优美的园林建筑的时候，游览路线就会自然延伸。利用道路同时结合建筑物的穿插，制造出一种步移异景、一步一景，有着导向性作用的动态观赏效果。

4.限定空间

限定空间就是利用以建筑物为主或者建筑围合成一系列的庭院，加上水体和山石花木，把景观划分成不同的空间层次。园林景观常常用一系列的空间变化巧妙安排给人以艺术的享受。以建筑构成的各种形式的庭院及门、圆洞、花墙、游廊等恰是组织空间、限定空间的最好方法。

二、园林景观规划

园林景观规划是指为了某些使用目的，将景观安排在最合适的地方和在特定地方安排最恰当的土地利用。

作为现代城市建设不可或缺的一部分，城市园林景观规划是为了提升城市舒适度，强调实用功能、审美功能、娱乐功能等的融合，在一定程度上反映了这座城市的发展水平，可有效改善城市生态环境和投资环境，树立城市良好的文化形象。但客观上讲，受多重因素影响，当前我国城市园林景观规划仍存在些许不足，尚存较大的优化空间。

随着我国现代城市化建设的加速，人们的生活品质得到了明显提升，对所处环境的舒适度要求越来越高。科学的园林景观设计营造了"小桥流水"般的意境，拉近了人与自然之间的距离，展现了城市独特的文化沉淀，同时满足了人们娱乐休憩、观赏审美等多重需求，是现代城市发展的重要一环。然而，现阶段我国城市园林景观规划尚未形成完整的体系，照抄照搬现象较为突出，对自身特色的表达不力，品质发展的概念缺乏，影响了其既定功能的释放。同时，城市园林景观规划与建设尚未形成标准体系，虽然有利于个性表达，但是由于尺度把握不当带来了同质化和无序化问题。综合来讲，城市园林景观规划应强调实用功能和审美功能的汇聚，需遵循协调性、个性化、可持续发展的原则导向，从根本上解决上述问题。其中，协调性原则注重整体空间组织协调、点线面组合协调及风格把握协调等内容，与现代人的审美需求相契合。同时，个性化原则要求城市园林景观规划与其本身的文化沉淀紧密关联，并与时代精神交互，体现出独特的风趣。另外，可持续发展作为党的基本思想遵循，突出人与自然和谐共生。

三、园林景观设计

园林景观设计是关于如何合理安排和使用土地，解决土地、人类、城市和土地上一切生命的安全与健康以及可持续发展问题的思维过程和筹划策略。它包括地方区域、新城镇及社区规划设计，公园和游憩场所规划设计，交通规划设计，校园规划设计，景观改造和修复，遗产保护，疗养及其他特殊用途区域设计等方面的内容。

园林景观设计是一门综合的艺术，既要求实用性又要求艺术性，需要由优秀的园林设计师和经验丰富的施工人员共同合作才能完成。

园林景观设计是在传统园林理论的基础上，具有建筑、植物、美学、文学等相关专业知识的人士对自然环境进行有意识改造的思维过程和筹划策略，从而达到美化环境的效果。园林景观设计既是一门艺术，也是一门技术，作为一个能体现人文关怀的设计，景观设计师通过对生活环境的合理化设计，使某个地域的园林景观体现当地的环境特色和当地人文环境与艺术审美习惯，让人们在园林景观环境中感到赏心悦目，从视觉上感受到和谐与美好，愉悦身心，进而在某种程度上提高人们的生活质量和幸福指数。

在现代化城市发展和建设当中，城市园林景观设计扮演着十分重要的角色，不仅能够对人们的生活环境进行改善，同时也能大大提高人民群众的生活质量，加快了城市化发展进程。但在当前的城市园林景观设计工作当中，仍然还存在一系列问题，不仅弱化了城市园林景观的作用和价值，同时也阻碍了其综合效益和社会效益的发挥。因此，在今后的城市园林景观设计工作当中，相关部门和人员必须要立足于当前工作现状，强化设计创新，保证设计质量，以最大限度发挥城市园林景观的作用和价值，促进城市的健康稳定发展。

近年来，我国城市规划部门以及社会各界高度重视城市园林景观建设工作，从而也为我国现代化园林景观设计注入了生机与活力，与此同时，相关部门也加大了在城市园林景观建设方面的资金投入力度，城市园林规划已经被纳入城市生态建设范畴，使城市园林规划能够结合不同自然风貌、气候特征、地域文化特征等营造出极具地域特色的园林环境，具体表现在以下几个方面。

第一，园林景观设计实现了与生态环境的巧妙融合。目前，很多城市都比较注重可持续发展和生态环境保护工作，本着生态优先的基本原则，对节能景观进行规划，大大提高了城市的社会效益、经济效益和生态效益。第二，城市园林景观规划理念日益完善。很多城市在开展园林景观设计与规划工作的过程中，都实现了科学管理与创新发展相融合，并能够结合城市发展现状、历史文化、景观风貌等形成一套独特科学的规划与设计方法。第三，很多城市的园林景观建设工作都对现代化施工工艺进行引进，大大提高了工作质量和效率，音乐喷泉、仿生学、霓虹灯、电子产品等的综合应用，使城市园林景观更具现代化气息。第四，为了更好地践行生态环保原则，很多城市在对园林景观进行规划设计的过程中，都对天然雨水、乡土树种进行推广，同时也实现了对生活垃圾的循环应用、生活污水的回收再利用，大大节约了城市园林景观规划与设计成本，符合现代化城市可持续发展和节能环保理念。

第二节　园林景观设计学及其与相关学科的关系

一、园林景观设计学的概念

（一）景观设计学

景观设计学是关于景观的分析、规划布局、设计、改造、管理、保护和恢复的科学和艺术。景观设计学是一门建立在广泛的自然科学和人文与艺术学科基础上的应用学科。尤其强调土地的设计，即通过对有关土地及一切人类户外空间的问题进行科学理性的分析、设计问题的解决方案和解决途径，并监理设计的实现。

根据解决问题的性质、内容和尺度的不同，景观设计学包含两个专业方向，即景观规划和景观设计，前者是指在较大尺度范围内，基于对自然和人文过程的认识，协调人与自然关系的过程，具体是为某些使用目的安排最合适的地方和在特定地方安排恰当的土地利用，而对这个特定地方的设计就是景观设计。

景观设计学与建筑学、城市规划、环境艺术、市政工程设计等学科有紧密的联系，而景观设计学所关注的问题是土地和人类户外空间的问题（仅这一点就有别于建筑学）。它与现代意义上的城市规划的主要区别在于景观设计学是物质空间的规划和设计，包括城市与区域的物质空间规划设计，而城市规划更关注社会经济和城市总体发展计划。中国目前的城市规划专业仍在主要承担城市的物质空间规划设计，这是中国景观设计发展滞后的结果。因为，只有同时掌握关于自然系统和社会系统双方面知识、懂得如何协调人与自然关系的景观设计师，才有可能设计出人地关系和谐的城市。

与市政工程设计不同，景观设计学更善于综合地、多目标地解决问题，而不是单一目标地解决工程问题，当然，综合解决问题的过程有赖于各个市政工程设计专业的参与。

（二）园林景观设计学

园林景观设计学是关于园林景观的分析、规划布局、设计、改造、管理、保护及恢复的学科和艺术，是一门建立在广泛的自然科学和人文与艺术科学基础上的应用学科。这门学科尤其强调对土地的设计，即通过对有关土地及一切人类户外空间的问题进行科学理性的分析，提出问题的解决方案和解决途径，并监理设计目标的实现。

根据解决问题的性质、内容和尺度的不同，园林景观设计学分两个专业方向，即园林景观规划和园林景观设计。

二、园林景观设计学与相关学科的关系

园林景观设计学各相关学科的特性及其与园林景观设计学的关系如下所述。

（一）建筑学

建筑学的研究内容是专注于设计基于特定功能的建筑物，如住宅、公共建筑、学校和工厂等，而园林景观设计师所关注的是土地和人类户外空间的问题。

（二）城市规划

城市规划考虑的是为整个城市或区域的发展制订总体计划，它更偏向社会经济发展的层面。园林景观设计师则要同时掌握关于自然系统和社会系统两个方面的知识，懂得如何协调人与自然的关系，设计人地关系和谐的城市。

（三）市政工程学

市政工程主要包括城市给水排水工程、城市电力系统、城市供热系统、城市管线工程等内容。相应地，市政工程师则为这些市政公用设施的建设提供科学依据。园林景观设计师则需要综合地、多目标地解决问题，而不是为了单一目标去解决工程问题。

（四）环境艺术

环境艺术依赖于设计师的艺术灵感和艺术创造，而景观设计则需用综合的途径解决问题，在科学理性的分析基础上关注一个物质空间的整体设计。

园林景观设计师要综合运用建筑学、城市规划、市政工程学、环境艺术等相关学科知识，才能创造出更具美学价值和使用价值的设计方案。

第三节　现代园林景观设计的产生和发展

一、现代景观设计的内涵

现代景观设计，注重自然、人性文化。换句话说，生活文化、科学技术将成为现代景观设计的重要影响因素。现代景观设计，注重建筑规划的修建性与美观性，还注重系统化思想上的全方面重组与全方面改造，带有明显的动态性、多样性、综合性。

现代景观设计，作为涉及面极广、综合性极强、变化性极大的工作，需要在一定条件下，将一系列要求与可能结合在一起。该设计通常受制于多因素的影响，势必要同环境设计、建设设计与其他设施联系在一起，同城市总体空间与城市文化意象相结合。现代景观设计的工作理念划分为两个层次，一是一般性的工作；二是创造性的工作。因为设计的重点不在于解决普通的城建绿化与环境整治工作。设计的重点是，现代景观设计作为一类艺术表达活动，实为一个创造性的、极其丰富的活动。景观设计，是人居环境的三大设计内容之一，在城建活动中，特别是塑造物质环境方面，有着不可或缺的影响。

正是因为社会的发展与进步，现代景观设计在空间形态上，已经与传统的园林设计有所不同。将景观设计理念与服务大众观念相结合，使更多人能够享受到美景，继而满足自身工作环境追求与生活环境的追求。景观空间的服务功能存在差异，其服务的对象类型是公共型、半公共型、私属型等，所涉及的人居环境有居住环境、工作环境、教育环境等。景观形式，通常与规模、尺寸、环境类型、服务对象、服务功能等方面息息相关。

现代景观设计，完美地诠释了一般与特殊的关系。就景观设计中多元化、多目标、自然生态、环境审美、使用功能等原则而言，反映其与建筑环境、城市环境特点与内涵的不同。但就景观设计而言，使用对象与服务对象的差异，使得其表现形式上也存在较大差别，比如，庄严的纪念景观、嘈杂的娱乐景观、和谐的居住景观、简洁的工作景观，这些景观之间存在差别，且有一定的识别度。为此，注重类别差异，通常是景观设计的内在逻辑与内在规律的关键，是侧面反映景观设计与类型的丰富性、多样性的关键。

二、现代园林景观设计的形成因素

（一）地域文化对现代园林景观设计形成的文化的影响

在园林景观的设计中增加地域文化的因素，可以提高园林的艺术文化底蕴，也能为当地的旅游业做出巨大经济贡献。地域文化是由当地的气候、地理、民族形成的特殊文化，地域文化用于园林的设计上能使园林具有地方特色，地域文化能提高地区的知名度，而知名度就能迎来投资，实现经济的发展，同时也能宣传民族文化，利用文化的传承性。由于中国南北气候差异悬殊，经济与文化发展不一，按照不同的地域特点，中国古典园林又可分为江南园林、北方园林、岭南园林、巴蜀园林、西域园林等各种形式。其中，江南、北方、岭南三大风格是其主体，无论从各自造园要素的用材、形象和技法上，还是在园林的总体规划上均具有较大的区别。人文因素是地域文化，自然的地理特征也是文化的一部分，地域文化的范围比较广，地域文化因素分为动植物文化、人文风俗文化和建筑文化风俗等。考虑地域文化因素使园林景观具有地域特色，地域文化与景点密切配合园林的地方特色。

地域文化是园林设计考虑的因素，重点利用典型的文化特征来体现园林设计的独创性，使园林设计呈现地方特色是优秀园林设计的体现。由于古典园林在其形成过程中，已经树立和具备了社会所认可的形象和含义，借助于传统的形式和内容，去寻找新的含义或形成新的视觉形象，既可以使设计的内容与历史文化联系起来，又可以结合当事人的审美趣味，做到因地制宜，还很实用，使得作品具有现代感。地理位置的差异导致地域文化的差异，就会形成具有地域特征的园林景观，环境的变化导致地理位置的差异，这些因素促使园林的设计得到公众的认可。

（二）现代园林景观设计形成的社会因素

随着人们生活水平的改善，需要追求更高的文化层次，要求环境更有品位，需要园林景观具有文化层次。现代园林景观需要历史文化、时代特色和区域特征，达到文化融合，从而呈现多元文化形式的特色。景观设计师要考虑人们交流的需求，尽量满足不同人群的使用要求。现代住宅的园林景观设计需要体现出生态自然的效果，将绿色的理念引入总体设计规划当中，促使人们在城市中可以充分地感受到实在的自然气息，充分展现出园林景观的观赏性。统一规划的城市绿地给市民带来方便，根据城市特色建造园林景观，景观设计体现城市品位与文化特色，将传统的文化融入城市景观设计。园林景观设计体现以人为主富有生活感，使人们与大自然亲密接触。大规模的绿化可以使人们接触到更多的绿色。市民喜欢走出家门尽情享受园林景色，沐浴阳光，呼吸新鲜空气，与人交流。这是现代园林景观形成的社会因素。

三、现代园林景观设计的现实意义

中国传统园林蕴含着丰富的文化底蕴，同时也伴随着中华文明的发展源远流长。中国传统园林艺术不仅代表着我国古代卓越的技术水平，而且也很好地呈现出了我国古代高超的艺术成就。传统园林的文化艺术形式和语言运用形式与现代园林基本是一致的，传统园林元素对现代景观设计有重大的现实意义。人们喜欢具有意境内涵和形式美的现代园林景观，所谓意境是指通过不同自然景象来表现一种特有的境界，注重景和情，追求意境美和形式法则，以"意在笔先"的中国园林，赋予园林特有的文化内涵，在自然景象中呈现出理想化的人间胜境。园林艺术呈现出诗情画意给人美的享受。传统园林追求虚实结合，虚实是人类情感的有意表达，而且还采用隐喻的设计手法，需游人自己亲身体会其感受。现代景观讲究形式美，景观设计的形式美是对自然环境进行改造突出自然环境中美的变化，是形式美在现代景观设计中的体现。

现代园林景观的和谐之美。儒家思想影响现代园林景观，使现代园林景观重视人与自然之间的关系。受道家"自然"思想的影响，更加注重天人合一的思想，要求因天循道，追求一种隐逸恬静的生活环境，讲求清静无为。[①]中国传统园林设计崇尚自然，追求纯自然朴素生态的理念，园林景观融入自然特色呈现和谐统一景象，现代园林根据中国山水画进行园林造景，使自然事物保持自然，以实现自然之美。

四、现代园林景观设计的发展趋势

中国传统园林受自然文化历史限制，过于形式地表达自然文化，对景观

---

① 王其钧.中国园林建筑语言[M].北京：机械工业出版社，2007：175.

元素生态功能认识不够，没有重视自然景观元素的功能。虽然传统园林对自然的认识不够全面，但是传统园林具有朴素的自然气氛，为现代园林设计奠定基础。古朴自然元素在中国传统园林中以建筑服务人们的物质需求，以自然景观服务人们的精神需求，借助于传统园林的造园元素设计真实自然满足人们的精神需求。中国现代园林景观设计以建造小品、艺术雕塑等为重心，围墙、园亭、园路、水体等自然元素为衬托，重视精神层次。因此，现代园林重视艺术雕塑和建筑小品所蕴含的象征意义，用象形的方法，将自然景观和人文艺术结合起来。继承和发扬传统园林造园方法，推陈出新与创新相结合。"古今结合、古为今用、洋为中用"是必然的趋势。中国传统园林崇尚自然与人文的结合，成为独树一帜的体系，是中国现代景观园林学的根本，为世界园林艺术发展做出不可磨灭的贡献。

现代景观设计继承传统造园艺术，吸收传统园林思想内涵，不断改革推陈出新，是自然观的继承与发扬。传统园林追求自然美，崇尚和谐统一的造园理念，思想观念融入现代园林设计中，发展了人与自然的共生思想。传统园林追求天人合一的思想理念，现代园林景观设计重视以人为本的设计理念。现代园林传承传统园林造景的众多设计手法，发扬建筑植物组景与叠石理水的搭配技巧。现代景观设计需要创新与发展，开发新技术与新工艺，突破传统园林的时代局限性，吸收优秀传统园林文化的精华，大胆进行创新，更新思路、开发新技术，通过创新变革使景观设计有更大的发展空间，使现代园林景观设计具有地域特色与时代特征。

第八章 园林构成与园林景观规划的设计原理

第一节 园林构成要素与配置手法

园林景观设计与工程在现代社会与人们生活密切相关。随着人们对环境要求的不断提高，园林景观设计也相应快速发展，营造出了大量为人们所喜爱和赞赏的园林环境作品。

一、园林景观要素的构成

（一）地面铺装

地面铺装是指用各种材料对地面进行铺砌装饰，它的范围包括园路、广场、活动场地、建筑地坪等。地面铺装在景观环境中具有重要的地位和作用。首先能避免地面在下雨天泥泞难行，并使地面在高频度、大负荷之下不易损坏；其次能为人们提供一个良好的休息、活动场地，并创造出优美的地面景观；最后具有分隔空间和组织空间的作用，并将各个绿地空间连成一个整体，同时还有组织交通和引导游览的作用。地面铺装作为景观空间的一个界面，它和建筑、水体、绿化一样，是园林景观创造的重要因素之一。

我国地面铺装艺术历史悠久，元代的"金砖"，因其质地细密、坚硬如石、光亮可鉴而成为中国古代园林铺地艺术中的一绝。在现代园林景观中，随着材料的推陈出新，施工技术的提高和受现代设计观念的影响，地面铺装的表现形式更加丰富。

地面铺装的分类有很多种，常见的是按使用材料的不同进行分类。

1.整体路面

整体路面是指用水泥混凝土或沥青混凝土进行统铺的地面。它成本低、施工简单，并且具有平整、耐压、耐磨等优点。适用于通行车辆或人流集中的道路，常用于车道、人行道、停车场的地面铺装，缺点是较单调。

2.块材铺地

块材铺地主要用于建筑物入口、广场、人行道、大型游廊式购物中心的地面铺装，包括各种天然块材、各种预制混凝土块材和砖块材铺地。天然块材铺装路面常用的石料首推花岗岩，其次有玄武岩、石英岩等。这些块材一般价格较高，但坚固耐用；预制混凝土块材铺装路面具有防滑、施工简单、材料价格低廉、图案色彩丰富等优点，因此，在现代景观铺地中被广泛使用；砖块材是由黏土或陶土经过烧制而成的，在铺装地面时，可通过砌筑方法形成不同的纹理效果。

3.碎料铺地

碎料铺地是指用卵石、碎石等拼砌的地面铺装。它主要用于庭院和各种游憩、散布的小路，这种方法经济、美观、富有装饰性。

4.综合铺地

综合铺地是指综合使用以上各类材料铺筑的地面，特点是图案纹样丰富，颇具特色。

（二）山石

1.山景寓意

山给人以崇高的美感，山厚以载德，高出世表，为世人敬仰，所以孔子说"仁者乐山"。山是隐士的居所、神仙的福地，崇高与神秘是中国文化对于山的解释。昆仑五岳都可以上达于天，泰山是帝王祭天的地方，昆仑山是东王公、西王母的住所。因此，山水总是与品德、学问合为一体，是含有仁、智的道德文章。

2.山石审美

在古典园林中，可以无山，但不可以无石。山石与水是一体的，"石令人古，水令人远，园林水石，最不可无"。石具有山的形状和质地，山石的审美以瘦、漏、皱、奇、丑为标准，奇峰怪石，给人以无穷的想象，故有石翁、石叟、石兄的拟人化称谓。

3.叠山名称

水池上叠山是园林中的第一胜地，水中山可以称谓池山，水上叠步石，山上架飞梁，或洞穴中隐藏水经矶石，都如同蓬莱仙境。还可在墙壁上理山，作峭壁山。即以墙壁为画纸，以湖石滴水为画，配上黄山松、古梅桩、美竹，透过圆窗看去宛如仙境，既不占空间，又能得美景。

（三）植物

景观植物的功能体现在非视觉性和视觉性两方面。植物的非视觉功能是指植物具有净化空气、吸收有害气体、调节和改善小气候、吸滞烟尘和粉尘、降低噪声等作用。植物的视觉功能是指植物的审美功能，即根据不同环境景观的设计要求，利用不同植物的观赏形态加以设计，从而达到美化环境，使人心情愉悦的作用。植物设计是园林景观设计中必不可少的组成部分，也是园林景观表现的主要手段。现代景观中的植物名称繁多，按类型来分有以下几种。

1.乔木

乔木是营造植物景观的骨干材料，它们主干高大明显、生长年限长、枝叶繁茂、绿量大、具有很好的遮阴效果，在植物造景中占有重要的地位，并在改善小气候和环境保护方面作用显著。乔木体量大，其树种的选择和配置最能反映植物景观的整体形象和风貌，因此，是植物造景首先要考虑的因素。以观赏特性为分类依据，可以把乔木分为以下两个类型。

（1）常绿类。如榕树、樟树、广玉兰、桂花、山茶、松油、雪松、黑松、云杉、冷杉、侧柏、圆柏等。

（2）落叶类。如梧桐、银杏、毛白杨、旱柳、垂柳、悬铃木、玉兰、金钱松、水杉、落叶松等。

2.灌木

景观中的灌木通常指美丽芳香的花朵、色彩丰富的叶片或诱人可爱的果实等观赏性的灌木和观花小乔木。这类植物种类繁多，形态各异，在景观营造中最具艺术表现力。按照其在景观中的造景功能，可以把灌木分为以下几个类型。

（1）观花类。如梅花、紫荆、木槿、山花、腊梅、紫薇、芙蓉、牡丹、迎春、栀子、茉莉、夹竹桃等。

（2）观果类。如南天竹、火棘、枸棘、毛樱桃、金橘、十大功劳、小叶女贞、黑果绣球、贴梗海棠等。

（3）观叶类。如大（小）叶黄杨、石楠、金叶女贞球、卫矛、南天竹、紫叶小檗、矮紫杉、蚊母树、雀舌黄杨、鹅掌柴等。

（4）观枝干类。如红瑞木、棣棠、连翘、平枝枸子等。

灌木在景观植物中属于中间层，起着乔木与地被植物之间的连接和过渡作用。在造景方面，它们既可作为乔木的陪衬，增加树木景观的层次变化，也可作为主要观赏对象，突出表现灌木的观花、观果和观叶效果。灌木平均高度基本与人的平视高度一致，极易形成视觉焦点，加上其艺术造型的可塑性强，因此，在景观营造中具有极其重要的作用。

3.花卉

花卉是指草木的观花植物，特征是没有主茎，或虽有主茎但不具木质或仅基部木质化，可分为一年生草本花卉、二年生草本花卉和多年生草本花卉。如太阳花、蝴蝶兰、长生菊、一串红、五色苋、甘蓝、兰花等。

花卉具有种类繁多、色彩丰富、生产周期短、布置方便、更换容易、花期易于控制等优点。花卉能丰富景观绿地并且能够烘托环境气氛，特别是在重大节庆期间，花卉以其艳丽丰富的色彩使节庆日倍增喜庆和欢乐气氛。因此，在景观绿化中被广泛应用，并常常具有画龙点睛的作用。

4.草坪和地被植物

草坪是指有一定设计、建造结构和使用目的的人工建植的草本植物形成的块状地坪，或供人休闲、游乐和体育运动的坪状草地，具有美化和观赏效果。草坪在现代景观绿地中应用广泛，几乎所有的空地都可设置草坪，进行地面覆盖、防止水土流失和二次飞尘，或创造地毯般富有自然气息的游憩活动与运动健身的空间。按草坪使用功能的不同可分为游憩草坪、观赏草坪、体育草坪、林下草坪等。按草坪的规划形式不同可分为自然式草坪和规划式草坪两种。草坪植物可分为两大类：

（1）暖季型草坪草地。如毯草、中华结缕草、野牛草、天堂草、格兰马草、狗牙根等。

（2）冷季型草坪草地。如高羊茅、细羊茅、小糠草、草地早熟禾、加拿大早熟禾等。

草坪作为一种空间景观具有开阔明朗的特性，最适宜的应用环境是面积较大的集中绿地，因此，在城市景观规划中广为应用，它能使城市获得开阔的视线和充足的阳光，使环境更为整洁和明朗。地被植物是指株丛紧密、低矮、用以覆盖景观地面、防止杂草滋生的植物。草坪植物实际也属于地被植物，但因其在园林景观设计中的重要性，故单独分列出来。常见的地被植物有麦冬、石菖蒲、葱兰、八角金盘、二月兰等。地被植物适应性强、造价低廉、管理简便，是景观绿地划分最常用的植物，也是植物绿地景观形成宏大规模气势的重要手段。

5.藤本植物

藤本植物是指自身不能直立生长，需要依附他物或匍匐地面生长的木本或草本植物。它最大的优点，是能很经济地利用土地，并能在较短时间内创造大面积的绿化效果，从而解决因绿地狭小而不能种植乔木、灌木的环境绿化问题。常见的藤本植物有牵牛花、金银花、何首乌、吊葫芦、紫藤、葡萄、龙须藤、五叶地锦、常春藤、野蔷薇等。藤本植物由于极易形成立体景观，所以多用于垂直绿化，这样既有美化环境的功能又有分隔空间的作用，加之纤弱飘逸、婀娜多姿的形态，能够软化建构物生硬冰冷的立面而带来无限生机。藤本植物的景观营造方式有绿廊式、墙面式、离垣式、立柱式。

6.水生植物

水生植物是指生长在水中，沼泽或岸边潮湿地带的植物。它对水体具有净化作用，并使水面变得生动活泼，增强了水景的美感。常见的水生植物有荷花、菖蒲、王莲、凤眼莲、水杉、菱等。

（四）水景设计

水体景观设计是园林景观设计的难点，但也常常是点睛之笔。古人称水为景园中的"血液""灵魂"。纵览中西古典园林，几乎每种庭院都有水景的存在，尽管在大小、形式、风格上有着很大的差异，但人们对水景的喜爱却如出一辙。水的形态多种多样，或平淡或跌宕，或喧闹或静谧，而且淙淙水声也令人心旷神怡。在水景设计中应充分发挥水的流动、渗透、激溅、潺缓、喷涌等特性，以水造景，创造水的拟态空间。只有这样，景观空间的视觉效果才会因水的处理变得虚实相生、彰显分明、声色相称、动静呼应、层次丰富。

景观中水体的形成有两种方式，一种是自然形态下的水体，如自然界的湖泊、池塘、溪流等。另一种是人工状态下的水体，如水池、喷泉、壁泉等。按水体景观的存在形式可将其分为静态水景和动态水景两大类，静态水景赋予环境娴静淡泊之美，动态水景则赋予环境活泼灵动之美。

1.静态水景

静态水景是指水的运动变化比较平缓、水面基本是静止的景观。水景所处的地平面一般无较大高差变化，因此，能够形成镜面效果，产生丰富的倒影，这些倒影令人诗意盎然，易产生轻盈、幻象的视觉感受。除了自然形成的湖泊、江河、池塘以外，人工建造的水池是静态水景的主要表现方式。

水体形状有西方景观中的规则几何形，也有中国古典园林中的不规则自然形，池岸分为土岸、石案、混凝土岸等。在现代景观中，水池常结合喷泉、花坛、雕塑等景观小品布置，或放养观赏鱼，并配置水生植物如莎草、鸢尾、海芋等。在现代小区景观中，水池常以游泳池的形式出现，池底铺以瓷砖或马赛克，多拼成图案，突出海洋主题，富有动感。

2.动态水景

景观中的水体更多的是以动态水景的形式存在，如喷涌的喷泉、跌落的瀑布、潺潺而下的叠水等。动态水景因美好的形态和声响，常能吸引人们的注意，因此，它们所处的位置，多是醒目或视线容易集中的地方，使其突出并成为视觉中心点。根据动态水景造型特点的不同，可分为以下几种。

（1）喷泉

是指具有一定压力的水从喷头中喷出所形成的景观。喷泉通常由水池（旱喷泉无明水池）、管道系统、喷头、动力（泵）等部分组成，如果是灯光喷泉还需有照明设备，音乐喷泉还需要音响设备等。喷泉的水姿多种多样，高度也有很大的差别，有的喷泉喷水高度达数十米，有的高度只有100mm。在公园景观中，喷泉常与雕塑、花坛结合布置，来提高空间的艺术效果和趣味。喷泉是现代水体景观设计中最常见的一种装饰手法，它不仅能湿润周围的空气，清除尘埃，而且由于喷泉喷射出的细小水珠与空气分子撞击，能产生大量对人体有益的负氧离子。最常见的喷泉形式有以下几种。

第一，水池喷泉。这是最常见的形式，除了具备喷泉应有的一套设备，常常还有灯光设计的要求。喷泉停喷时，就是一个净水池。

第二，旱地喷泉。喷头等隐于地下，其设计初衷是希望公众参与，常见于广场、游乐场、住宅小区内。喷泉停喷时，是场中一块微凹的地面，旱地喷泉最富于生活气息，但缺点是水质容易污染。

第三，浅水喷泉。喷头藏于山石、盆栽之间，可以把喷水的范围做成一个浅水池，也可以仅在射流落点之处设几个水钵。

第四，盆景喷泉。主要用作家庭、公共场所的摆设。这种小喷泉能更多地表现高科技成果，如喷射形成雾蒙胧状的艺术效果。

第五，自然喷泉。喷头置于自然水体中，如济南大明湖、南京莫愁湖等，这种喷泉的喷水高度多达几十米。

（2）瀑布

这里的瀑布是指人工模拟自然的瀑布，指较大流量的水从假山悬崖处流下所形成的景观。瀑布通常由五部分组成，即上流（水源）、落水口、瀑身、瀑潭和下流（出水）。瀑布常出现在自然式景观中，按其跌落形式可分为丝带式瀑布、幕布式瀑布、阶梯式瀑布、滑落式瀑布等。按其瀑身形状可分为线瀑、布瀑、柱瀑三种。瀑布的设计要遵循"以假乱真"的原则，整条瀑布的循环规模要与循环设备和过滤装置以及过滤装置的容量相匹配。

（3）壁泉

指从墙壁或池壁处落下的水，壁泉的出水口一般做重点处理。

（4）叠水

是呈阶梯状连续落下的水体景观，有时也称跌水，水层层重叠而下，形成壮观的水帘效果，加上因运动和撞击形成美妙的声响，令欣赏者叹为观止。叠水常用于广场、居住小区等景观空间，有时与喷泉相结合。叠水因地面造型不同而呈现出变化丰富的流水效果，常见的有阶梯状和组合式两种。

（5）溪涧

指景观绿地中自然曲折的水流，急流为涧、缓流为溪。溪涧常依绿地地形地势而变化，且多与假山叠石、水池相结合。

（五）景观小品

小品原指简短的杂文或其他短小的艺术表现形式，突出的特点是短小精致，把小品的概念引入园林景观设计中来，就有了景观小品的定义。景观小品是指那些体量小巧、功能简单、造型别致、富有情趣、内容丰富的精美构筑物，如轻盈典雅的小亭、舒适趣味的座椅、简洁新颖的指示牌、方便灵巧的园灯，还有溪涧上自然情趣的汀步等。景观小品是设计师经过艺术构思、创作设计并建造出来的环境景物，它们既有功能上的要求，又有造型和空间组合上的美感要求，作为造景素材的一部分，它们是景观环境中具有较高观赏价值和艺术个性的小型景观。

景观小品的特性如下：

第一，功能性。景观小品最基本的特性，是指大多数小品都有实际作用，可直接满足人们的生活需要。如亭子、花架、座椅可供人们休息、纳凉、赏景使用；儿童游乐设施可供儿童游乐、玩耍使用；园灯可提供夜间照明，方便游人行走；公共电话亭提供了通信的方便；小桥和汀步连通两岸，使游人漫步于溪水之上；还有一些宣传廊、宣传牌和历史名人雕塑等则具有科普宣传教育和历史纪念功能。

第二，艺术性。艺术性是指小品的造型设计要新颖独特，能提高整个环境的艺术品质，并起到画龙点睛的作用。小品的使用有两种情况，一种情况是作为某一景物或建筑环境的附属设施，那么小品的艺术风格要与整个环境相协调，巧为烘托，相得益彰；另一种情况是在局部环境中起到主景、点景和构景的作用，有着控制全园视景的功能，并结合其他景观要素，创造出丰富多彩的景观内容。

景观小品的设计要注意以下几点。

第一，与整体环境的协调统一。景观小品的设计和布置要与整体环境协调统一，在统一中求变化。

第二，便于维护并具有耐久性。景观小品放在室外环境中，属于公用设施，因此要考虑到便于管理、清洁和维护；同时受气候条件的影响，也要考虑小品材料的耐久性；在色彩和质量的处理上要综合考虑。

第三，安全性。小品的设计要具有安全性，如水上桥、廊的使用要有栏杆作防护、儿童游乐设施要有足够的安全措施等。

1.建筑小品

建筑小品指环境中具有建筑性质的景观小品，包括亭子、廊、榭、景墙与景门、花架、山石、汀步、步石等。这些小品体量一般较大、形象优美，常常成为景观中的视觉焦点和构图中心，并且通过其独特的造型极易体现景观的风格与特色。

（1）亭子

亭子是供人休息、赏景的小品性建筑，一般由台基、柱身和屋顶组成，通常四面空透、玲珑轻巧，常设在山巅、林荫、花丛、水际、岛上以及游园道路的两侧。亭子以其玲珑典雅、秀丽多姿的形象与其他景观要素相结合，构成一幅幅优美生动的风景画。在现代景观中，按照亭子建造材料的不同，分为木亭、石亭、砖亭、茅亭、竹亭、砼（混凝土）亭、铜亭等；按照风格形式不同，可分为仿古式和现代式。

仿古式亭子，指模仿中国古典园林和西方古典园林中亭子的造型而设计的样式。中式风格的亭子常用于自然式景观中，西式风格的亭子常用于规则式景观中。亭子在中国景园中是主要的点景物，并且是运用得最多的一种建筑形式，按平面形式可分为正三角形亭、正方亭、长方亭、正六角亭、正八角亭、圆亭、扇形亭、组合亭。亭子位置的选择，一方面是为了观景，供游人驻足休息，眺望景色；另一方面是为了点景，即点缀风景。因此，亭子的选址归纳起来有山上建亭、临水建亭、平地建亭三种。西方亭子的概念与中国大同小异，是一种在花园或游乐场上简单而开敞、带有屋顶的永久性小建筑。西方古典园林中的亭子沿袭了古希腊、古罗马的建筑传统，平面多为圆形、多角形、多瓣形；立面的基座、亭身和檐部按古典柱式做法，有的也采用拱券；屋顶多为穹顶，也有锥形顶或平顶。古典园林中的亭子采用的是砖石结构体系，造型敦实、厚重，体量也较大。在现代小区景观设计中，经常有模仿西方古典亭子的做法，只是亭子材料换成了混凝土。

现代式亭子，在现代景观中，亭子的造型被赋予了更多的现代设计元素，加上建筑装饰材料层出不穷，亭子形式多种多样、变化丰富。如今，亭子的设计更着重于创造，用新材料、新技术来表现古典亭子的意象是当今用得更多的一种设计方法，如用卡普隆阳光板和玻璃替代传统的瓦，亭子采用悬索或拉张膜结构等。亭子的表现形式丰富，应用广泛，在设计时要按照景观规划的整体意图来布置亭子的位置，局部服从整体，这是首要的。对亭子体量与造型的选择，要与周围环境相协调，如小环境中，亭子不宜过大。周围环境平淡单一时，亭子造型可复杂些，反之，则应简洁。亭子材料的选择提倡就地取材，不仅加工便利，又易于配合自然。

（2）廊

自然式景观中的廊，是指屋檐下的过道或独立有顶的通道，它是联系不同景观空间的一种通道式建筑。从造型上看，廊由基础、柱身和屋顶三部分组成，通常两侧空透、灵活轻巧，与亭子很相似。但不同的是，廊较窄，高度也较亭子矮，属于纵向景观空间，在景观布局上呈"线"状，而亭子呈"点"状。廊的类型很多，按其平面形式可分为直廊、曲廊、回廊；按内部空间形式可分为双面廊、单面廊、复廊、暖廊、单支柱廊等。

廊不仅具有遮风挡雨、交通联系的实用功能，而且对景观内容的展开和观赏程序的层次起着重要的组织作用。廊的位置通常有平地建廊、临水建廊、山地建廊。

第一，平地建廊。在平坦地形的公共景园中，常沿墙或附属于建筑物以"占边"的形式布置廊。形制上有一面、二面、三面、四面建廊，这样可通过廊、墙、房等建筑物围绕形成空间较大、具有向心特征的庭院景观。

第二，临水建廊。在水边或水上建筑的廊，也称水廊。位于水边的廊，廊基一般紧贴水面，造成临水之势。在水岸曲折自然的情况下，廊大多沿水边呈自由式格局，顺自然之势与环境相融合。

凌驾于水面之上的廊，廊基实际就是桥，所以也叫桥廊。桥廊的底板尽可能贴近水面。使人宛若置身于水中，加上桥廊横跨水面形成的倒影，别具韵味。

第三，山地建廊。公园和风景区中常有山坡或高地，为了便于人们登山休息、观景，或者为了联系山坡上下不同高差的景观建筑，常在山道上建爬山廊。

（3）水榭

水榭是供游人休息、观赏风景的临水建筑小品。中国古典园林中，水榭的基本形式是在水边架起一个平台，平台一半伸入水中，一半架在岸上，平台四周围绕着低矮的栏杆，这样建起一个木构的单体建筑，建筑平面通常为长方形，其临水一面开敞通透。在现代公共景观中，水榭仍保留着传统的功能和特征，是极富景观特色的建筑小品，只是受现代设计思潮的影响，还有新材料、新技术、新结构的发展，水榭的造型有了很大变化，更为丰富多样。

（4）景墙与门窗洞

第一，景墙。在庭院景观中一般指围墙和照壁，它首先起到分隔空间、衬托和遮蔽景物的作用，其次有丰富景观空间层次、引导游览路线等功能，是景观空间构图的重要手段。景墙按墙垣分有平墙、梯形墙（沿山坡向上）、波浪墙（云墙）；按材料和构造不同可分为白粉墙、磨砖墙、板筑墙、乱石墙、清水墙、马赛克墙、篱墙、铁栏杆墙等。不同质地和色彩的墙体会产生截然不同的造景效果。白粉墙是中国园林使用最多的一种景墙，它朴实典雅，同青砖、青瓦的檐头装修相配，显得特别清爽、明快，在白粉墙前常衬托山石花木，犹如在白纸上绘出山水花卉，韵味十足；现代清水墙，砌工整齐，加上有机涂料的表面涂抹，使得墙面平整、砖缝细密、质朴自然；还有用马赛克拼贴图案的景墙，实际上属于一种镶嵌壁画，在景观中可塑造出别致的装饰画景。景墙的设置多与地形相结合，平坦的地形多建成平墙，坡地或山地则就势建成梯形墙。为了避免单调，有的建成波浪形的云墙。

第二，门窗洞。中国园林的景墙常设门窗洞，门窗洞形式的选择，要从寓意出发，同时要考虑到建筑的式样、山石以及环境绿化的配置等因素，务求形式和谐统一。

①门洞。除了交通和通风处，还具有使两个相互分隔的空间取得联系和渗透的作用，同时自身又成为景观中的装饰亮点。门洞是创造景园框景的一个重要手段，门洞就是景框，从不同的视景空间、视景角度，可以获得许多生动优美的风景画面。门洞形式及特征见表8-1。

表8-1　门洞形式特征一览表

形式	特征
曲线	门洞的边框线是曲线形的，这是我国古典园林中常见的形式。常见的有圈门、月门、汉瓶门、葫芦门、海棠门、剑环门、如意门、贝叶门等
直线	门洞的边框线是直线形的，如方门、六方门、八方门、长八方门、执圭门，以及其他模式化的多边形门洞等
混合	门洞的边框线有直线也有曲线，通常以直线为主，在转折部位加入曲线进行连接，或将某些直线变成曲线

②窗洞。窗洞也具有框景和对景的功能，使分隔的空间取得联系和渗透。与门洞相比，窗洞没有交通功能的限制，所以在形式上更加丰富多样，

能创造出优美多姿的景观画面。常见的窗洞形式有月窗、椭圆窗、方窗、六方窗、八方窗、瓶窗、海棠窗、扇窗、如意窗等。

③花窗。是景观中的重要装饰小品。它与窗洞不同，窗洞的主要作用是框景，除了一定形状外，窗洞自身没有景象内容；而花窗自身有景，花窗玲珑剔透，窗外风景亦隐约可见，增强了庭院景观的含蓄效果和空间的深邃感。在阳光的照射下，花窗的花格与镂空的部分会产生强烈的明与暗、黑与白的对比关系，使花格图案更加醒目、立体。现代花窗多以砖瓦、金属、预制钢筋混凝土砌筑，图案丰富、形式灵活。

（5）花架

花架是用以支撑攀援植物藤蔓的一种棚架式建筑小品，人们可以用它来遮阴避暑，因为所用的攀援植物多为观花蔓木，故称为花架。花架是现代景观中运用得最多的建筑小品之一，它由基础、柱身、梁枋三部分组成。顶部只有梁枋结构，没有屋顶覆盖，可以透视天空，这样一方面便于通风透气，另一方面是植物的花朵果实垂下来，可供人观赏。因此，花架的造型比亭子、廊、榭等建筑小品更为空透、轻盈。花架的造型形式灵活多变，概括起来有梁架式花架、墙柱式花架、单排式花架、单柱式花架和圆形花架几种。

第一，梁架式花架。景观中最常见的花架形式，一般有两排列柱，通常呈直线、折线或曲线布局，也称廊架式花架。我们所熟悉的葡萄架就是这种形式的花架。花架下，沿列柱方向结合柱子，常设两排条形坐凳，供人休息、赏景。

第二，墙柱式花架。一种半边为墙，半边为列柱的花架形式，列柱沿墙的方向平行布置，柱上架梁，在墙顶和梁上再叠架小枋。这种形式的花架在划分封闭和开敞空间上更为自由，能形成灰空间，造景趣味类似半边廊。花架的侧墙一般不做成实体，常开设窗洞、花窗或隔断，使空间隔而不断、相互渗透，意境更为含蓄。

第三，单排式花架。只有一排柱子的花架称为单排柱花架。这类花架的柱顶只有一排梁，梁上架设比梁架式花架短小的枋，枋左右伸出，呈悬臂状。单排柱花架仍保留着廊的造景特点，它们在组织空间和疏导人流方面具有相同的作用，但单排柱花架在造型上却要轻盈自由得多。

第四，单柱式花架。只有一根柱子的花架称为单柱式花架，它很像一把伞的骨架。单柱式花架通常为圆形顶，柱子顶部没有梁，而是直接架设交叉放射状连体枋，枋上也可设环状连接件，把放射状布置的枋连接成网格状。在花架下面，通常围绕柱子设计环状坐凳，供人休憩。

第五，圆形花架。由五根以上柱子围合成圆形的花架形式，圆形花架很像一座园亭，只不过顶部是空透的网格状或放射状结构，并由攀缘植物的叶和蔓覆盖。

此外，花架按使用的材料与构造不同，可分为钢筋混凝土花架、竹木花架、砖石花架、钢花架等。

（6）山石

第一，假山。是指用许多小块的山石堆叠而成的具有自然山形的景观建筑小品。假山的设计源于我国传统园林，"叠山置石"是中国传统造园手法的精华所在，堪称世界造景一绝。在现代景观中，常把假山作为人工瀑布的承载基体，并作为点景小品来处理。中国传统的选石标准是透、漏、瘦、皱、丑，而如今的选石范围则宽泛了许多，即所谓"遍山可取，是石堪堆"，根据现代叠山审美标准广开石路，各创特色。假山山石的选用要与整个地形、地貌相协调。一座假山不要多种类山石混用，以免不易做到质、色、纹、体、姿的一致。山石的造型注重崇尚自然、朴实无华，整体造型既要符合自然规律，还要高于自然审美。

第二，置石小品。是指景观中一至数块山石稍加堆叠，或不加堆叠而散布所形成的山石景观。置石小品虽没有山的完整形态，但作为山的象征，常被用作景观绿地点缀、添景、配景以及局部空间的主景等，以点缀环境，丰富景观空间内容。根据置石方式的不同，可分为独置山石、聚置山石、散置山石。

①独置山石。将一块观赏价值较高的山石单独布置成景，独石多为太湖石，常布置于局部空间的构图中心或视线焦点处。

②聚置山石。将数块山石稍加堆叠或做近距离组合设置，形成具有一定

艺术表现力的山石组合景观，常置于庭院角落、路边、草坪、水际等。组合时，要求石块大小不等，分布疏密有致、高低错落，切忌对称式或排列式布置。

③散置山石。指用多块大小不等，形态各异的山石在较大范围内分散布置，用以表现延绵山意，常用于山坡、路旁或草坪上等。

（7）汀步

汀步是置于水中的步石，也称为跳桥，供人蹑步行走、通过水面，同时也起到分隔水面、丰富水面景观内容的作用。汀步活泼自然、富有情趣，常用于浅水河滩、平静水池、山林溪涧等地段，宽阔而较深的湖面上不宜设置汀步。

汀步的材料常选用天然石材，或用混凝土预制或现浇。近年来，以汀步点缀水面亦有许多创新实例，汀步的布置有规则式和自由式两种，常见形式有：自然块石汀步、整形条石汀步、自由式几何形汀步、荷叶汀步、原木汀步等。汀步除可在平面形状上变化外，在高差上亦可变化，如荷叶汀步片浮于水面上，造型大小不一，高低错落有致，游人越跨水面时，更增加了与水面的自然、亲切感。

汀步设计要注意，汀步的石面应平整、坚硬、耐磨、汀步的基础应坚实、平稳，不能摇摇晃晃。石块不宜过小，一般在400mm×400mm以上；石块间距不宜过大，通常在150mm左右；石面应高出水面60~100mm；石块的长边应与汀步前进方向垂直，以便产生稳定感。当水面较宽时，汀步的设置应曲折有变化。同时要考虑两人相对而行的情况，因此汀步应错开并增加石块数量，或增大石块面积。

（8）步石

步石是指布置在景观绿地中，供人欣赏和行走的石块。步石既是一种小品景观，又是一种特殊的园路，具有轻松、活泼、自然的个性。步石，按照材料不同，分为天然石材步石和混凝土块步石；按照石块形状不同，分为规则形和自然形。

步石的设计要注意其平面布局应结合绿地形式，或曲或直，或错落有致，且具有一定方向性。石块数量可多可少，少则一块，多则数十块，这要根据具体空间大小和造景特色而定。石块表面应较为平整，或中间微微凸起，若有凹隙则会造成积水，影响行走和安全。石块间距应符合常人脚步跨距要求，通常不大于600mm；步石设置宜低不宜高，通常高出草坪地面60~70mm，过高会影响行走安全。

2.设施小品

设施小品是指为人们提供娱乐休闲、便利服务的小型景观小品。这些小品没有建筑小品那样大的体量和明确的视觉感，但能为人们提供方便，是人们游览观景时必不可少的设施。设施小品大致可分为两大类：休闲娱乐设施小品和服务设施小品。前者包括园桌、园椅、园凳、儿童游乐设施等，后者包括园灯、电话亭、垃圾桶、指示牌、宣传栏、邮筒等。

（1）园桌、园椅、园凳

公共景观中常设置一些桌、椅、凳，供人们休息、看书、娱乐所用，也可以点缀风景。在景观绿地的边缘，安置造型别致的椅凳，会令空间显得更为生动亲切；在丛林中巧置一组树桩形的桌子与座凳，或设置一组天然景石桌凳，会使人顿觉林间生机盎然、幽静舒爽；在大树浓荫下，设置两组石桌凳，会使本无组织的自然空间变为有意境的景观空间。

桌、椅、凳的布置，多在景观中有特色的地段，如湖畔、池边、岸边、岩旁、洞口、林下、花间、台前、草坪边缘、布道两侧、广场之中，一些零星散置的空地也可设置几组椅凳加以点缀。园桌与椅凳的造型、材质的选择要与周围环境相协调，如中式亭子内摆一组陶瓷，古香古色；大树浓荫下一组树桩形桌凳，自然古朴；城市广场中几何形绿地旁的座椅则要设计得精巧细腻、现代前卫。园桌和椅凳的设计尺度要适宜，其高度应以大众的使用方便为准则，如凳高450mm左右，桌高700~800mm，儿童活动场所的桌椅凳尺度应符合儿童身高。

（2）园灯

园灯是景观中具有照明功能的设施小品。白天，园灯可点缀环境，其新颖的造型往往成为视觉亮点；夜间，园灯为人们休闲娱乐提供照明条件，并具有美化夜间景色的作用，使之呈现出与白天自然光照下完全不同的视觉效果，从而丰富景观的观赏性。园灯造型多样，高矮不一，按使用功能的不同大致可分为三类。

第一，引导性园灯。能让人们循着灯光指引游览景观的园灯，它纯属引导性的照明用灯。常设置于道路两侧或草坪边缘等地，有些灯具可埋入地下，因此也常设于道路中央。引导性园灯的布置要注意灯具与灯具之间的呼应关系，以便形成连续的"灯带"，创造出一种韵律美。

第二，大面积照明灯。用于大环境的夜间照明，起到勾画景观轮廓、丰富夜间景色的作用，这样人们借助灯光可以欣赏到不同于白天的景色，此类园灯常设置于广场、花坛、水池、草坪等处。

第三，特色照明灯具。用于装饰照明，这类园灯不要求有很高的亮度，而在于营造某种特定的气氛、点缀景观环境，如我国传统园林中的石灯等。

在真正的实际运用中，每类园灯的功能不是单一的，它可能兼顾有很多用途。而且在设计中，根据具体情况可使用多种类型的照明方式。园灯造型、尺度的选择要根据环境情况而定。总之，园灯作为室外灯，多作远距离观赏，因此，灯具的造型宜简洁质朴，避免过于纤细或过多烦琐的装饰。而在某些灯光场景设计中，往往将园灯隐藏，只欣赏其灯光效果，为的是产生一种令人意想不到的新奇感。

3.雕塑小品

雕塑是根据不同的题材内容进行雕刻、塑造出来的立体艺术形象，分为圆雕和浮雕两大类。景观中雕塑小品多为圆雕，即多面观赏的立体艺术造型。浮雕是在某一材料或建构物平面上雕刻出的凸起形象，现代一些高档小区的墙面上经常使用这种艺术手法。雕塑是一种具有强烈感染力的造型艺术，它们源于生活，却赋予人们比生活本身更完美的欣赏和趣味，它能美化人的心灵，陶冶人的情操。

古今中外，优秀的景观都成功地融合了雕塑艺术的成就。我国古典园林中，那些石龟、铜牛、铜鹤的配置，具有极高的欣赏价值。西方的古典景观更是离不开雕塑艺术，尽管配置得比较庄重、严谨，但也创造出浓郁的艺术情调。现代景观中的雕塑艺术，表现手段更加丰富，可自然可抽象，可严肃可浪漫，表现题材更加广泛，这要根据造景的性质、环境、条件而定。

雕塑按材料不同，可分为石雕、木雕、混凝土雕塑、金属雕塑、玻璃钢雕塑等。不同材料具有不同的质感和造型效果，如石雕、木雕、混凝土雕塑朴实、素雅；金属雕塑色泽明快而且造型精巧，富于现代感。

雕塑按表现题材内容不同，可分为人物雕塑、动物雕塑、植物雕塑、山石雕塑、几何体雕塑、抽象形体雕塑、历史神话传说故事雕塑和特殊环境下的冰雪雕塑。人物雕塑一般是以纪念性人物和情趣性人物为题材，如科学家、艺术家、思想家或普通人的生活造型；动物雕塑多选择象征吉祥或为人们所喜爱的动物形象，如大象、鹿、羊、天鹅、鹤、鲤鱼等；植物雕塑有树桩、树木枝干、仙人掌、蘑菇等；抽象形体雕塑寓意深奥，让人循题追思，不无逸趣；几何雕塑以其简洁抽象的形体给人以美的艺术享受。

雕塑小品的设计有以下要点：

（1）雕塑小品的题材应与景观的空间环境相协调，使之成为环境中的一个有机组成部分。如林缘草坪上可设置大象、鹿等雕塑；水中、水际可使用天鹅、鹤、鱼等雕塑；广场和道路休息绿地可选用人物、几何体、抽象形体雕塑等。

（2）雕塑小品的存在有其特定的空间环境、特定的观赏角度和方位。因此，决定雕塑的位置、尺度、色彩、形态、质感时，必须从整体出发，研究各方面的背景关系，绝不能只孤立地研究雕塑本身。雕塑的大小、高低更应从建筑学的垂直视角和水平视野的舒适程度加以推敲。其造型处理甚至还要研究它的方位朝向以及一天内太阳起落的光影变化。

（3）雕塑基座的处理应根据雕塑的题材和它们所处的环境来定，可高可低，可有可无，甚至可直接放在草丛和水中。现代城市景观的设计，十分重视环境的人性化和亲切感，雕塑的设计也应采用接近人的尺度，在空间中与人在同一水平上，可观赏、可触摸、可游戏，增强人的参与感。

二、景观配置

（一）园林道路

园林道路是园林景观的重要组成部分，起着组织空间、引导游览、交通联系并提供散步休息场所的作用。园林道路像脉络一样，把园林的各个景区连成整体。园林道路蜿蜒起伏的曲线、丰富的寓意、精美的图案，都给人美的享受。园路布局要从园林的使用功能出发，根据地形、地貌、风景的分布和园内活动的需要综合考虑，统一规划。园路须因地制宜，主次分明，有明确的方向性。

1.行车园路

行车园路是园林道路中能供汽车或消防车通行的道路，其一般亦可兼作行人路面。行车园路宽度一般不小于4m，道路结构应能承受行车荷载，饰面材料的厚度及强度也要求能承受汽车重量而不易碎裂。在行车园路上，绿化的布置要符合行车视距、转弯半径等要求。另外，不能沿路边种植浓密树丛，以防人穿行时汽车刹车不及。

2.行人园路

行人园路的风格形式、饰面材料、色彩质感和图案样式等丰富多变，是园林景观中起到功能和表现作用的重要构成要素。园路的线形设计应充分考虑造景的需要，以达到蜿蜒起伏、曲折有致的效果；应尽可能利用原有地形，以保证路基稳定，减少土方工程量。园路的铺装宽度和园路的空间尺度，是既有联系又有区别的。

旧城区道路狭窄，街道绿地不多，因此，路面有多宽，它的空间就有多大。而园路是绿地中的一部分，它的空间尺寸既包含有路面的铺装宽度，也有四周地形地貌的影响，不能以铺装宽度代替空间尺度要求。

3.步石汀步

步石汀步的道路形式有时可以避免或减少道路对绿地或水面造成的割裂感，增强其完整统一性，有时可以通过浅韵津感起到景观作用。

4.路缘

路缘的设置通常有安全、护绿和排水三种功能，因此一般有高差路缘、护绿路缘、水沟路缘三种形式。高差路缘可以划分人车道路，进行交通引导，确保行人安全，通常采用设置100～150mm高的路缘石形式。护绿路缘可以保持水土、保护植被，通常采用路缘石、天然石、竹木桩形式。水沟路缘可以排出路面和绿化积水，通常采用卵石沟、凹槽沟等形式。路缘除起到以上功能性作用外，有时也能为道路增添一道景观。

（二）园林铺装

园林铺装是指在园林环境中运用自然或人工的铺地材料，按照一定的方式铺设而成的地表形式，是路面铺装的扩大，包括广场、平台、专用场地等的铺装。园林铺装能以色彩、质地、铺设形式等为室外空间提供所要求的情感和个性。园林铺装能分隔空间，引导和强化视觉，渲染意境与主题。园林铺装利用其视觉效果，引导游人视线。在园林中，常采用直线形的线条铺装引导游人前进；在需要游人停留的场所，则采用无方向性或稳定性的铺装；当需要游人关注某一景点时，则采用聚向景点方向走向的铺装。

1.广场铺装

广场铺装的目的在于强化广场空间的特色魅力。因此，广场地面铺装形式、各设计要素的确定应该以广场的功能性质为前提，广场的性质则取决于它的位置与环境、相关主体建筑与主体标志物以及其功能等的性质。

在城市的空间环境设计中，作为"城市客厅"的广场的地面铺装设计是非常重要的。广场地面精心设计在于强化广场空间的特色魅力，突出广场的性格。铺装的色彩在园林中一般是衬托景点的背景，除特殊的情况外，很少成为主景，所以要与周围环境的色调相协调。色彩具有鲜明的个性，暖色调热烈，冷色调优雅。

2.平台铺装

这是小面积的场所空间的地面铺装形式。平台类型主要包括建筑出入口、道路节点、庭院空间以及有明显边界范围的小型休息区、观景台、活动平台等。与小的空间尺度相对应，平台铺装注重材料细部线条、质感、拼接方法的美观设计。不同的铺装图案形成不同的空间感，对所处的环境产生强烈影响。园林中常通过图案联想的方式来唤起欣赏者的共鸣，表现地方文化及地域风格。

3.地面拼花

地面拼花一般通过色彩或质感对比差异性较大的两种或多种材料来进行图案构成。地面拼花可以起到形成地面景观或表现主题文化的作用。

（三）栈桥码头

园林中的栈道、园桥、码头起到连接水上或架空交通，组织水上或架空游览线路，丰富水上或立体空间层次，形成水上或架空景观的作用。园桥在造园艺术上的价值往往超过交通功能。在自然山水园林中，桥的布置同园林的总体布局、道路系统、水体面积占全园面积的比例、水面的分隔或聚合等密切相关。

1.水上园桥

山水园林中的桥，利用水上园桥可以形成交通跨越点，横向分隔河流和水面空间，形成地区标志物和视线集合点；其独特的造型也具有艺术价值。在自然山水园林中，园桥的位置和结构要和景观相协调，水上园桥设计还要考虑人、车和水上交通的要求。

如在大水面架桥，又位于主要建筑附近的，宜宏伟壮丽，重视桥的结构和细部的表现；在小水面架桥，则宜轻盈、质朴，简化其结构和细部。水面宽方或水势湍急者，桥距水面宜较高并加栏杆；水面狭窄或水流平缓者，桥距水面宜低并可不设栏杆。

2.栈道码头

水上的栈道码头是为人们观景、游览、登船、垂钓等而设计的场所，使人们能更加亲近水面，感受自然生态环境。栈道设计着重于平面形态和栏杆造型。码头设计在满足功能要求的同时要考虑其安全性和亲水性。

3.架空栈桥

架空栈桥是指在半空中架设的交通桥梁或休闲观景栈道，它除了连接交通外，还能使人们获得不同寻常的观景视点高度，享受到特别的观景意境，而架空栈桥往往也成为一道立体景观。

（四）种植设施

种植设施是我们常见的园林景观之一，它的形式多样，主要包括树池、花池、花钵、种植盆箱等。种植设施有千变万化的外观，要注意与园林风格和周边环境的协调统一。设计首先要保证有利于植物的生长，然后是追求花树池的艺术效果和美观，也要考虑种植设施本身的耐用性和经济性。

1.树池、花池

树池围边比单纯路面铺砖留空种植池更能美化路面和牢固街砖。树池设计的重点在于造型和饰面设计，并注意与园林风格相协调。花池是在地面砌筑的保护花、灌木等植被的设施，起到植被维护和景观美化的双重作用。花池设计往往要根据园林的风格来确定饰面材料的选择和造型线条的样式。园林工程中普遍先种树后砌树池，种植时填土一般不高于10cm，如果树池的土面高于地面的土面，或者树池刚好围住池中土层，那么在雨天时，这种树池中的土壤很容易被雨水冲出，导致种植池内的土壤成为城市尘土污染的最集中来源，应尽量避免这种情况。从园艺角度讲，设计高于路面的树池，宜种植深根性的乔木，以避免散根性乔木的根长大后"挤破"树池。

2.座椅花树池

座椅花树池是将树池或花池设计成兼备座椅功能的形式，使其同时兼备多重功能，在空间有限的园林环境中更彰显其价值。座椅花树池设计时应注意到植物生长和养护对花树池和座椅的影响，座椅部分的设计要同时考虑其景观性、舒适性、耐用性等。

3.花钵盆箱

是景观设计中传统种植器具的一种形式。花钵盆箱具有小巧灵活性和可组合性，能巧妙地点缀环境，烘托气氛。花钵盆箱的尺寸应适合所栽种植物的生长特性，有利于根茎的发育，一般可按以下标准选择：花草类盆深20cm以上，灌木类盆深40cm以上，中木类盆深45cm以上。将自然与文化，美的形式与生态功能真正全面地融合，才能把植物景观建设成为一个生动的园林风景。园林植物配置是园林绿化的重要组成部分，不仅会影响到园林绿化的景观效果，而且也与园林绿化所带来的生态效益和社会效益息息相关，必须科学、合理地进行园林植物造景与配置，以促进城市园林绿化的可持续发展。在中国景观环境建设的快速发展时期，要想创造出理想的、生态的自然植物景观还需要思考很多问题，需要我们不断努力探索和实践。

第二节　园林景观规划的设计程序

一、园林景观规划设计流程

如今，现代园林景观设计呈现出一种开放性、多元化的趋势。对于园林景观设计师来说，每个园林景观项目都有其特殊性，但园林景观的各个设计项目都要经历一个由浅到深、从粗到细、不断完善的过程，设计过程中的许多阶段都是息息相关的，分析和考虑的问题也都有一定的相似性。

园林景观设计的程序是指在从事一个景观设计项目时，设计者从策划、实地勘察、设计、和甲方交流思想至施工、投入运行、信息反馈等一系列工作的方法和顺序。

（一）策划

首先要理解项目的特点，编制一个全面的计划。经过研究和调查，列出一个准确而翔实的要求清单作为设计的基础。最好向业主、潜在用户、维护人员、同类项目的规划人员等所有参与人员咨询，然后在以往实例中寻求适用方案，前瞻性地预想新技术、新材料和新规划理论的改进方法。

（二）选址

首先，将计划中必要或有益的场地特征罗列出来；其次，寻找和筛选场址范围。在这一阶段，有些资料是有益的，如地质测量图、航空和遥感照片、道路图、交通运输图、规划用途数据、区划图、地图册，以及各种规模、比例的城市规划图纸。在此基础上，选定最为理想的场所。一个理想的场地可通过最小的变动，最大限度地满足项目要求。

（三）场地分析

场地分析中最为主要的是通过现场考察来对资料进行补充，尽量把握好对场地的印象、场地和周边环境的关系，以及场地现有的景观资源、地形地貌、树木和水源，归纳出需要尽可能保留的特征和需要摈弃或改善的特征。

（四）概念规划

在这一过程中，各专业人员的合作至关重要，建筑师、景观师、工程师应对策划方案相互启发和纠正。由组织者在各方面协调，最终完成统一的表达，并在提出的主题设计思想中尽可能予以帮助。细致地研究建筑物与自然和人工景观的相互关系，在经过这一轮改进之后，最终形成场地构筑物图。

（五）影响评价

在对所有因素都予以考虑之后，总结这个开发的项目可能带来的所有负面效应和可能的补救措施，所有由项目创造的积极价值，以及其在规划过程中得到加强的措施、进行建设的理由，如果负面作用大于益处，则应该建议不进行该项目。

（六）综合分析

在草案研究基础上，进一步对方案的优缺点及纯收益做比较分析，得出最佳方案，并转化成初步规划和估算费用。

（七）施工和运行

在这一阶段，景观设计师应充分监督和观察，并注意收集人们使用后的反馈意见。这个设计流程有较强的现实指导意义，在小型景观的设计中，其中的步骤可以相对地进行一些简化和合并，加快设计周期和运作，完成项目。

二、园林景观规划设计具体步骤

目前，较为通用的园林景观设计过程可划分为以下几个阶段。

（一）任务书阶段

任务书是以文字说明为主的文件。在本阶段，设计人员作为设计方（也称"乙方"），在与建设项目业主（也称"甲方"）初步接触时，应充分了解任务书的内容，这些内容往往是整个设计的根本依据。任务书内容包括设计委托方的具体要求和愿望，对设计要求的造价和时间期限等。要了解整个项目的概况，包括建设规模、投资规模、可持续发展等方面，特别要了解业主对这个项目的总体框架方向和基本实施内容。总体框架方向确定了这个项目的性质，基本实施内容以及场地的服务对象。这些内容往往是整个设计的根本依据，从中可以确定哪些值得对其深入细致地调查和分析，哪些只需作一般的了解。在任务书阶段很少用到图片，常用以文字说明为主的文件，在对业主和使用者的需求分析结论出来之前，它们是不会完全相容的。

（二）基地调查和分析阶段

在这一阶段，业主会同规划设计师至基地现场踏勘，收集规划设计前必须掌握的与基地有关的原始资料，并且补充和完善不完整的内容，对整个基地及环境状况进行综合分析。

作为场地分析的一部分，在这一阶段，设计师结合业主提供的基地现状图（又称"红线图"），对基地进行总体了解。首先必须对于土地本身进行研究，对较大的影响因素能够加以控制，在其后作总体构思时，针对不利因素加以克服和避免；对有利因素充分地合理利用，创造更为舒适的环境。

对于土地的有利特征和需要实施改造的地形因素，最好同时进行总体研究，以确定是否需要实施改造以提供排水系统和可利用空间。当规划完成的时候，所有这些都将被细化。此外，还要在总体和一些特殊的基地地块内进行拍照，将实地现状带回去研究，以便加深对基地的感性认识。

对收集的资料和分析的结果应尽量用图面、表格或图解的方式表示，通常用基地资料图记录调查的内容，用基地分析图表示分析的结果。项目用地按照设计分析结果选择满足功能的可用部分，并进行必要地带的改造规划，然后规划出遮阴、防风、屏障和围合空间区域，但是不用选择任何具体材质。

（三）方案设计阶段

在进行总体规划构思时，要对业主提出的项目总体定位作一个构想，并与抽象的文化意义以及深层的社会、生态目标相结合，同时必须考虑将设计任务书中的规划内容融合到有形的规划构图中去。方案设计阶段对整个园林景观设计过程所起的作用是指导性的，要综合考虑任务书所要求的内容和基地及环境条件，提出一些方案构思和设想，权衡利弊，确定一个较好的方案或几个方案构思所拼合成的综合方案，最后加以完善，完成初步设计。

这一阶段的工作主要是进行功能分区，也应考虑所有环路的设计。同样，最好也是只确定人行道、车道、内院等的大体形状和尺寸，而无须确定具体用哪种表面，美观的问题可以之后再考虑。

构思草图只是一个初步的规划轮廓，当对空间区域的大小、形状，环境需求、环路有了总体的设想之后，再来考虑设计中的美学因素。这个时候，设计变得更加具体，需要决定是使用廊架还是树木来遮阴，是用墙、围栏、树篱还是植物群做屏障等。当选择了地面铺装材料并确定了分界线后，地面的形式便确定了，而材质的选择则是设计过程的最终阶段。

在一个设计中，将所有的园林景观元素（如质地、色彩、形式）有机地融合在一起，可形成具有视觉美感、满足功能需求的园林空间。

（四）初步设计阶段

本阶段将收集到的原始资料与草图结合并进行补充修改，逐步明确总图中的入口、广场、道路、水面、绿地、建筑小品、管理用房等各元素的具体位置。经过这次修改，整个规划会在功能上趋于合理，在构图形式上符合园林景观设计的基本原则：视觉上美观、舒适。方案设计完成后应与委托方共同商议，然后根据商讨结果，对方案进行修改和调整。

一旦初步方案确定下来后，就要全面地对整个方案进行各方面详细的设计，包括确定准确的形状、尺寸、色彩和材料，完成各局部详细的平面图、立面图、剖面图和详图，园景的透视图，以及表现整体设计的鸟瞰图。

（五）施工图阶段

施工图阶段是将设计与施工连接起来的环节。根据所设计的方案，结合各工种的要求分别绘制出能具体、准确地指导施工的各种图纸。

第三节　园林景观规划的设计原则和方法

一、园林景观设计原则

园林景观设计是一门综合性很强的环境艺术，涉及建筑工程、生物、社会、艺术等众多学科。它既是各学科的应用，也是综合性的创造；既要考虑科学性，又要讲究艺术效果，同时还要符合人们的心理和行为习惯。

现代园林景观设计的原则如下所述。

（一）功能原则

功能设计是园林景观设计的基础，产品需要具有较高价值的真正艺术品，与人类生存息息相关，在设计中充分体现产品功能，保障园林主体是健康的，高质量的；主要产品的经济果品、防护，新材料能满足不同地域人们生活生存需求。同时在园林景观功能不是一成不变的，它主要与人们的文化水平、经济水平密切相关。园林的直接功能即经济效益必须直接体现，园林能源是人类生存、生活的必需物质，有效的景观设计是衡量高生物量的标准，是实现园林景观设计的最为基本的要求。

（二）整体优化原则

景观是由生态系统组成的考虑大众的生存与生活，具有一定功能的整体。景观规划与设计应让景观整体达到最佳状态，充分考虑制造生产的成本、产品价格、运输、贮藏、销售等费用，实行优化利用。风景林的规划体现植物群落之间、植物与人为构筑景观方面，通过时间相关因素的分析，进行优化和协调取舍，才能创造出稳定的植物风景景观。

（三）科技原则

园林景观设计的科技原则是人类积累的知识、技能、经验的整体。设计时只有把握了这种进步的科技水平，才会有真正意义上的先进设计。在园林景观设计中涉及的科技知识很多，重点在于把握好景观设计的实施性和可操作性，体现设计理念的自动化和标准化，采用先进的营造技术，大幅地减少人工劳动，在坚持设计的科技原则时，还有一点是需要关注新兴科学的研究成果。

（四）遗留地保护原则

经过精心设计和开发的园林景观，要保留原始自然保留地的宝贵历史文化，应对其实行艺术美与自然美的结合，保持基本的生态过程和生命维持系统，在设计时，坚持艺术观赏原则，保存遗传基因的多样性，体现深厚的艺术修养才是一个合格的现代园林设计。风景林地的建设，必须与落叶松林的保护协调进行对应，具有真、善、美的特征。

（五）合理原则生态景观美学原则

生态美是指自然美与环境融合美相结合，与传统美学形成鲜明对比；在自然化人文景观的规划设计中，充满了自然的活力；以恢复自然景观群落、保护物种栖息地和自然过程为目标；系统地将相互作用的各种要素的自然地理过程结合起来的总体。总体结构满足单元景观构成的要求，为求减小对该单元景观的和谐度影响，营造一个尽量合乎自然景观群落原理，具有独特景观特色的地理生境，符合整体性原则。从客观实际出发，营造方式，配置方式应该科学合理。

随着人类的发展，对美的追求已成为人类生活生存的目的之一，园林景观设计的美学是建立园林景观的重要要求。在设计过程中应注重选择与整体环境一致，避免整体欣赏性和艺术性的价值降低。园林景观要求不断提高，对园林景观设计师提出了更高的要求，研究园林景观设计的技巧，成为当代林业科技工作者的一项重要工作。

二、园林景观设计方法

园林景观设计是多项工程相互配合协调的综合设计，涉及面广，综合性强，既要考虑科学性，又要讲究艺术性。就其复杂性来讲，需要考虑交通、水电、园林、市政、建筑等各个技术领域。各种法则法规都要了解并掌握，才能在具体的设计中运用好各种景观设计要素，安排好项目中每一处地块的用途，设计出符合土地使用性质、满足客户需要、比较适用的方案。景观设计一般以建筑为硬件，以绿化为软件，以水景为网络，以小品为节点，采用各种专业技术手段辅助实施设计方案。从方案的设计阶段来看，设计方法包括以下几个方面。

（一）构思立意

所谓构思立意，就是设计者根据功能需要、艺术要求、环境条件等因素，经过综合考虑产生总的设计意图，确定作品所具有的意境。构思立意既关系到设计的目的，又是在设计过程中采用各种构图手法的根据，往往占有举足轻重的地位。

构思立意着重艺术意境的创造，寓情于景、触景生情、情景交融是我国传统造园的特色。"轩楹高爽，窗户虚邻，纳千顷之汪洋，收四时之烂漫""萧寺可以卜邻，梵音到耳，远峰偏宜借景，秀色堪飡，紫气青霞，鹤声送来枕上""溶溶月色，瑟瑟风声，静拢一塌琴书，动涵半轮秋水，清气觉来几席，凡尘顿远襟怀"等都是《园冶》中关于意境创造的典型论述。

在一项设计中，方案构思的优劣能决定整个设计的成败。好的设计在构思立意方面多有独到和巧妙之处。例如，扬州个园以石为构思线索，从春、夏、秋、冬四季景色中寻求意境，结合画理"春山淡冶而如笑，夏山苍翠而如滴，秋山明净而如妆，冬山惨淡而如睡"设计景观，由于构思立意不落俗套而能在众多优秀的古典园林景观中占有一席之地。结合画理、创造意境，对讲究诗情画意的中国古典景观来说是一种较为常用的创作手法，而直接从大自然中汲取养分，获得设计素材和灵感，也是提高方案构思能力、创造新的景观意境的方法之一。例如，美国波特兰市伊拉·凯勒水景广场（Ira Keller Fountain Plaza）的设计就成功地、艺术地再现了水的自然流动过程。

伊拉·凯勒水景广场是波特兰市大会堂前的喷泉广场（Auditorium Forecourt Plaza）。水景广场的平面近似方形，占地约0.5hm²。广场四周被道路环绕，正面向南偏东，对着第三大街对面的市政厅大楼。除了南侧外，其余三面均有绿地和浓郁的树木环绕。水景广场分为源头广场、跌水瀑布和大水池，以及中央平台三个部分。最北、最高的源头广场为平坦、简洁的铺地和水景的源头。铺地标高基本和道路相同。水通过曲折、渐宽的水道流向广场的跌水和大瀑布部分。跌水为折线形，错落排列。经层层跌水后，流水最终形成十分壮观的大瀑布倾泻而下，落入大水池中。

该设计非常注重人与环境的融合。跌水部分可供人们嬉水。设计者在跌水池最外侧的大瀑布的池底到堰口处做了1.1m高的护栏，同时将堰口宽度做成0.6m，以确保人们的安全。大水池位置最低，与第三大街路面仅有1m的高差。从路面逐级而下所到达的浮于水面的平台既可作为近观大瀑布的最佳位置，又可成为以大瀑布为背景、以大台阶为看台的平台。

设计师劳伦斯·哈普林和安·达纳吉瓦认为：形式源于自然，但不能仅限于对自然的模仿。他们从俄勒冈州瀑布山脉、哥伦布河的波尼维尔大坝中找到了设计原型。大瀑布及跌水部分采用较粗犷的暴露的混凝土饰面。巨大的瀑布、粗糙的地面、茂密的树林在城市环境中为人们架起了一座通向大自然的桥梁。

除此之外，对设计的构思立意还应善于发掘与设计有关的体裁或素材，并用联想、类比、隐喻等艺术手法加以表现。

拼合园是美国马萨诸塞州波士顿剑桥怀特海德生物化学研究所九层实验大楼的屋顶花园。屋顶花园面积很小，只有70m²。设计师玛莎·舒沃兹是当今园林设计界一位颇有争议的人物，她的面包圈园（Bagel Garden）、轮胎糖果园（Necco Garden）都是对传统庭园形式与材料的嘲讽与背弃，设计风格略显轻佻。相比之下，拼合园却反映了较深刻的思想。她从基因重组中得到启发，认为世界上两种截然不同的园林原型可以像基因重组创造新物质一样，拼合在一起造出一个新型园林。在这一构思的引导下，体现自然永恒美的日本庭园和展现人工几何美的法国庭园被"基因重组"到拼合园中。但是，在设计细部与手法上，仍然显现出达达主义与波普艺术对其的影响。在日本禅宗枯山水中，绿色水砂模仿传统枯山水大海形式，耙出了一道道水纹线，但枯山水中的岩石和苔藓却被塑料制成的黄杨球所代替。日本园部分与传统枯山水一样，只作为观赏和冥想的场所；法国园部分为整形树篱园，另有九重葛、羊齿、郁金香等开花植物。修剪的绿篱实际上是可坐憩的条凳。

波士顿临海风大，而九层屋顶上较干燥，也没接水管，并且屋顶建筑结构没有按屋顶花园要求的荷载设计，难以敷设土层，因此，花园中不太可能种植乔灌木。舒沃兹在设计中采用了不易损坏的耐用材料，如塑料与砂丁。园中所有植物均是塑料制品，并且绝大部分都涂成了浓浓的绿色，包括日本园中本该为白色的枯山水砂子也被涂成了绿色。绿色掩盖了这一片寂静、没有生机的角落，使人联想到这个绿色的空间应该是一个庭园。

设计构思首先考虑的是满足其使用功能，充分为地块的使用者创造、安排出满意的空间场所；其次要考虑不破坏当地的生态环境，尽量减少项目对周围生态环境的干扰；然后采用构图及各种手法进行具体的方案设计。景观规划设计构思整体立意要处理好几个关系区域的划分，各组合要素内容的确定，园林景观形态的确定及各要素间的组织关系。

立意可以从多元化、大尺度与小尺度的健全性和形式与用途的可辨识性这三个方面入手，也可以从主观和客观两个方面分别进行分析。设计者需要在自身修养上多下功夫，提高自身设计构思的能力。除了掌握本专业领域的知识外，还应注意在文学、美术、音乐等方面知识的积累，它们会潜移默化地对设计者的艺术观和审美观的形成起到作用。另外，设计者平时要善于观察和思考，学会评价和分析好的设计，从中吸取有益的东西。

（二）利用基地现状

基地分析是园林景观用地规划和方案设计中的重要内容，方案设计中的基地分析包括基地自身条件（地形、日照、小气候）、视线条件（基地内外景观的利用、视线和视廊）和交通状况（人流方向及强度）等内容。

（三）视线分析

视线分析是园林景观设计中处理景物和空间关系的一种重要方法。

1.视域

人眼的视域为一个不规则的圆锥形。双眼形成的复合视域称为中心眼视域，其范围向上为70°，向下为80°，左右各为60°，超出此范围时，对色彩、形状的辨认力都将下降。凝视时的视角为1°，当站在一物体大小的3500倍视距处观看该物体时就难以看清楚了。

2.最佳视角与视距

为了获得较清晰的景物形象和相对完整的静态构图，应尽量使视角处于最佳位置。通常垂直视角为26°～30°、水平视角为45°时是最佳的观景视角，维持这种视角的视距称为最佳视距。

3.确定各景之间的构图关系

设计静态观赏景物时，可用视线法调整所安排的空间中的景物之间的关系，使前后、主衬各景之间相互协调，增加空间的层次感。

（四）设计多种方案进行比较

根据特定的基地条件和设置的内容，设计多种方案加以比较也是提高策划能力的一种方法。方案必须要有创造性，各个方案应各有特点和新意而不能雷同，不同的方案在处理某些问题上也各有独到之处，因此，应尽可能地在权衡各种方案构思的前提下定出最终的合理方案。该方案可以以某个方案为主，兼收其他方案之长，也可以将几个方案在处理不同方面的优点综合起来，形成最终方案。

设计多种方案进行比较还能使设计者对某些设计问题做较深入的探讨，用形式语言去深入研究设计问题，这对设计能力的提高、方案构思的把握以及方案设计的进一步推敲和完善都十分有益。

结束语

　　生态环保是当今社会普遍关注的问题，可持续发展是人类得到不断的延续发展的根本途径。生态林业建设是林业实现可持续发展的必由之路，本书对林业生态化发展与园林景观规划进行了探究。笔者认为，林业生态化发展与园林景观规划的优化策略如下：

　　（1）加强对生态林业的整体科学规划。在生态林业的发展过程中，需要投入大量的人力资源、物力资源和财力资源，因此，在这个生态系统中构成了多种复杂的关系网络。其中，有的从局部来看是符合情理的，但是，如果站在大局的高度，用发展的眼光来看，与可持续发展的战略理念是相违背的。因此，在对生态林业组合的优化与分配中，应该加强产业结构的调整，根据实际需要合理地进行区域的布局，采用合适的管理方法，实施适宜的技术，以确保林业发展规划的科学性，从而达到成本最小化，力争实现生态效益、经济效益和社会效益的"三丰收"。

　　（2）加强对生态意识的培养及调控。在生态化林业的可持续发展过程中，最关键的因素是人。因此，在进行生态化林业发展时，必须高度重视生态环保意识，切实加强生态林业方面的宣传，让更多的人了解生态林业、理解生态林业从而进一步支持生态林业的发展，让生态林业的可持续发展理念深入人心，切实改变人们仅仅依靠传统林业的陈旧观念，促使人们充分认识到生态林业的优势和重要价值，从而让人们自觉地参与生态化林业的建设。

　　（3）园林景观设计要和城市长远规划相一致。随着当前人们环保意识的提升，在城市化的发展建设中，人们对于新工艺以及新材料和技术的应用非常重视，为了能够对城市建设当中的相关资源以及能源做好合理应用，实现节能型社会，为城市的发展奠定良好的基础，确保城市科学合理的发展。所以，在园林景观设计当中，人们就需要加强对城市景观设计以及城市自身发展理念和规划实现合理的融合，使园林景观的可持续性不断提升，确保城市在发展中和园林景观设计相符合，确保城市景观和生态有效统一。

（4）树立现代城市发展需求的生态园林理念。设计人员需要根据当前城市的实际发展，在对园林景观规划设计中需要对城市的功能不断完善，对城市的形象有效提升，使得园林景观设计和建设能够实现美化城市的目标，并且在这当中将城市生态环境作为基础，以此来有效地促进城市生态和社会效益之间的融合发展。另外，在此基础上，还需要不断加强城市生态的有效融合，对城市基础性建设不断强化，使得人们能够很好地参与城市建设，确保城市景观的可持续发展。

（5）注重生态优先原则并遵循生物的多样性。园林景观设计在未来的发展中，逐渐会朝园林生态景观设计方向转变，按照生物多样化的原则，使得科学和艺术相结合起来，以此实现景观生态的统一性，对园林植物有效合理地配置，确保动植物之间有效和谐发展。在这当中，为了能够有效地确保城市园林绿化发展成为我国城市建设的主要特点，就需要因地制宜发展园林景观，同时，逐渐地将植物群落和植物树木合理结合起来，从而确保效果的良好，对生态环境统一和谐的构建。

参考文献

[1]洪传期.现代林业发展与生态文明建设探讨[J].种子科技，2021，39（14）：127-128.

[2]张咏丽.绿色发展与林业生态化建设初探[J].西部林业科学，2020，49（04）：155-158.

[3]赵文龙.林业建设生态化发展及应用价值探析[J].农村实用技术，2020（03）：138.

[4]王文君.林业生态化建设问题研究[J].农家参谋，2019（24）：103.

[5]李红彬，林志芳.基于循环经济的林业产业生态化研究[J].江西农业，2019（12）：88-89.

[6]王彦林.浅述我国林业生态化管理模式[J].花卉，2018（02）：156.

[7]熊强.林业技术及其生态化模式[J].江西农业，2017（19）：97.

[8]杨觅.浅谈我国林业生态化建设的问题[J].农业与技术，2017，37（14）：196.

[9]周少辉.林业生态建设存在问题与发展对策[J].低碳世界，2016（05）：14-15.

[10]杜彦宇.以生态建设为主体的新林业发展战略构想[J].黑龙江科技信息，2015（32）：287.

[11]张玉杰.浅谈提高现代林业生态化管理的措施[J].现代农业，2015（08）：85.

[12]蒋波.生态观念在现代林业管理中的应用研究[J].绿色科技，2015

（03）：130–131.

[13]王灿国.基于发展学基本原理的我国林业生态化探讨[J].现代农业科技，2013（20）：156–158.

[14]傅利平.循环经济下的林业产业生态化[J].北京农业，2013（30）：91.

[15]李斌，许曙升.分析我国现代林业的发展方向[J].现代园艺，2013（04）：19.

[16]刘向阳.可持续发展背景下的生态化林业建设探析[J].科技风，2012（12）：30.

[17]梅山.加快林业生态化建设步伐的探讨[J].现代园艺，2012（09）：68–69.

[18]杨根辉.论我国现代林业的发展方向[J].内蒙古林业调查设计，2011，34（01）：1–3+15.

[19]贺刚，张志祥.论和谐林业与生态文明建设[J].现代农业科技，2009（01）：96–97+99.

[20]郅亚微.现代园艺技术与园林景观设计融合探讨[J].现代园艺，2022，45（18）：97–99.

[21]龚志华.生态理念视域下现代城市园林景观设计[J].现代园艺，2022，45（19）：143–145.

[22]高玉伟.基于绿色建筑环保理念下园林景观设计的研究[J].陶瓷，2022（09）：175–177.

[23]杨圣铎.生态景观与园林规划设计分析[J].建材发展导向，2022，20（16）：19–21.

[24]张青琳.植物造景在园林景观设计中的应用探讨[J].居舍，2022（18）：124–127.

[25]刘超.植物造景在园林景观设计中的应用分析[J].居业，2022（04）：124–126.

[26]孙瑛泽.城市园林景观的生态规划设计及其可持续发展[J].中国建筑装饰装修，2022（06）：63–65.

[27]季有振.新技术在园林景观布局与工程施工中的应用[J].南方农机，2022，53（05）：127-129+132.

[28]王洪亮.园林景观生态规划设计与可持续发展要点[J].世界热带农业信息，2022（03）：62.

[29]牛轶达，马畅.现代城市园林景观设计现状及发展趋势分析[J].现代园艺，2022，45（05）：136-137+70.

[30]曾子航.建筑设计与园林景观设计的融合分析[J].江西建材，2022（02）：111-112+115.

[31]张天慈，闫晓华.城市园林景观的规划设计策略[J].环境工程，2022，40（02）：306.

[32]关静，何颖.园林设计在城市景观规划中的应用[J].明日风尚，2022（04）：135-138.

[33]张佩佩.现代城市园林景观设计的创新策略分析[J].现代农业研究，2022，28（01）：71-73.